纳米技术制备有机硅新材料及其应用

胡文斌　舒绪刚　罗　斌　著

科学出版社
北　京

内 容 简 介

本书主要介绍几种纳米材料制备技术及其应用于硅氢加成合成有机硅材料的方法和案例。第 1 章介绍了有机硅材料的分类和应用；第 2 章介绍了纳米铜催化剂制备及其应用于烷氧基含氢硅烷；第 3、4 章分别介绍了硅藻土、白炭黑负载铂催化剂的合成及其应用于硅氢加成这一原子经济反应；第 5 章介绍了固体酸响应面法合成七甲基三硅氧烷及其在铂催化剂下合成有机硅非离子表面活性剂；第 6～8 章分别介绍了纳米 Pt/SiO_2、$Pt/CS\text{-}SiO_2$、Pt-Al/MCM-41 催化剂的合成及其应用于硅氢加成制备有机硅增效剂；第 9 章介绍了通过硅氢加成法制备食品级加成型硅橡胶及相关工艺与检测方法。

本书可供从事有机硅材料研究、开发生产的科研技术人员以及高等院校相关专业师生阅读参考。

图书在版编目（CIP）数据

纳米技术制备有机硅新材料及其应用/胡文斌，舒绪刚，罗斌著. —北京：科学出版社, 2020.5

ISBN 978-7-03-065081-8

Ⅰ. ①纳… Ⅱ. ①胡… ②舒… ③罗… Ⅲ. ①纳米技术–应用–有机材料–硅化合物–研究 Ⅳ. ①TB383

中国版本图书馆 CIP 数据核字(2020)第 082211 号

责任编辑：杨新改 / 责任校对：杜子昂
责任印制：吴兆东 / 封面设计：图阅盛世

科 学 出 版 社 出版
北京东黄城根北街 16 号
邮政编码: 100717
http://www.sciencep.com

北京中科印刷有限公司 印刷
科学出版社发行 各地新华书店经销
*
2020 年 5 月第 一 版 开本：B5 (720×1000)
2021 年 4 月第三次印刷 印张：11
字数：240 000

定价：98.00 元

(如有印装质量问题，我社负责调换)

前　言

介孔硅材料（孔径介于2～50 nm的一类多孔纳米材料）的合成始于1990年，介孔硅基材料孔径分布狭窄，孔道结构规则，并且技术成熟，研究颇多。介孔硅系材料可用于催化、分离提纯、药物包埋缓释、气体传感等领域。

有机硅材料是一类品种众多、性能优异和应用广阔的新型绿色化工产品，已在电子电气、建筑、汽车、纺织、轻工、化妆品、医疗、食品、航空航天等领域获得广泛的应用，并发挥了举足轻重的作用。

近些年来，有机硅材料的研究、生产和应用发展迅速，取得许多新成就，研究论文和专利文献迅速增加，应用领域不断扩大，生产品种和数量大幅度增长，且从事这一领域的科技工作者也愈来愈多。从节约资源和能源、减少环境污染的角度来看，研发新型高效的纳米材料以合成绿色有机硅新材料、降低有机硅材料的生产成本、开发有机硅材料新品种，成为有机硅新材料的研究和开发方向。近十年来，有机硅全球产能向中国转移趋势明显，我国已成为有机硅生产和消费大国，有机硅产能与产量年均复合增长率均接近20%，行业发展十分迅猛。目前，国内有机硅产品研发和生产优势愈加凸显，进口替代效应显著。

本书主要汇集笔者近年来如下相关成果：纳米铜催化剂制备及其应用于烷氧基含氢硅烷；硅藻土和白炭黑负载铂催化剂的合成及其应用于硅氢加成这一原子经济反应；固体酸响应面法合成七甲基三硅氧烷及其在铂催化剂下合成有机硅非离子表面活性剂；纳米Pt/SiO_2、$Pt/CS\text{-}SiO_2$、Pt-Al/MCM-41催化剂的合成及其应用于硅氢加成制备有机硅增效剂；硅氢加成法制备食品级加成型硅橡胶等。本书是基于国家自然科学基金项目、广东省自然科学基金项目、广东省科技厅基金项目支持而完成的，在结合作者从事有机硅研究开发35年的经验基础上撰写而成。

本书共9章，论述了有机硅材料的基本概况，各种纳米材料的制备方法及其在合成有机硅材料中的应用；重点对有机硅材料的合成原理、工艺优化、结构和性能等理论方面，以及有机硅材料在农业和工业方面的应用进行了研究和探讨。第1章和第9章由罗斌撰写；第2～4章由胡文斌撰写；第6章和第7章由舒绪刚撰写；第5章和第8章由陈秀莹撰写。在整个成稿过程中，得到笔者课题组老师们的帮助和指导以及研究生陈秀莹的帮助，在此表示热忱谢意。

作者力图将国内外介孔硅纳米制备有机硅相关生产技术的发展及相关产品的应用技术融为一体，注意理论紧密与实际相结合，希望对从事有机硅研究人员以及相关专业师生；有机硅研究开发、生产及应用的读者有所帮助。

限于笔者的业务水平和理论知识，书中不妥或疏漏之处在所难免，敬请各位专家及广大读者提出宝贵意见及批评，十分感激！

胡文斌

2020年3月

目　录

第1章 绪　论

1.1 有机硅材料简介

有机硅材料是一种省能源、少资源、无公害、安全可靠、多功能、多形态、高性能的高分子材料。自20世纪40年代问世以来，因其优异性能而迅速发展，应用领域不断扩大，利用它能解决诸多技术难题或提高生产技术水平等，因而被人们称为现代科学文明的“工业味精”[1]。目前，有机硅材料已广泛应用于电子电气、建筑、汽车、航空航天、化工、纺织、生活用品、化妆品、医疗、食品加工和文物保护等领域。

1.1.1 有机硅化合物定义[2]

有机硅化合物，是指含有Si—O键且至少有一个有机基是直接与硅原子相连的化合物，习惯上也常把那些通过氧、硫、氮等使有机基与硅原子相连接的化合物当作有机硅化合物。其中，以硅氧键（—Si—O—Si—）为骨架组成的聚硅氧烷，是有机硅化合物中为数最多，研究最深、应用最广的一类，约占总用量的90%以上。

1.1.2 有机硅化合物具有的结构及其应用

近十年，有机硅全球产能向中国国内转移趋势明显，我国已成为有机硅生产和消费大国。目前国内有机硅产品优势愈加凸显，进口替代效应显著。根据全国硅产业绿色发展战略联盟（SAGSI）统计数据，截至2018年，我国共有甲基单体生产企业13家（含陶氏-瓦克张家港工厂），聚硅氧烷总产能142万吨/年（在产产能130.7万吨/年），产量113万吨，同比分别增长2.83%和10.68%，2008～2018年年均复合增长率分别为19.41%和19.21%，行业发展迅猛[3]。究其原因，是有机硅材料具有优异性能。有机硅聚合物以硅原子和氧原子交替组成的Si—O—Si为主链（呈螺旋无机结构）形成稳定的骨架，再在Si原子上引入各种有机基团形成侧链（有机结构）。由于这种特殊组合，使有机硅兼具无机物与有机物的双重优点，既有安全可靠、无毒、无污染、无腐蚀、耐高低温（与其分子的螺旋结构有关）、耐紫外线、耐红外辐射、耐氧化降解、耐臭氧、耐老化、耐燃、电绝缘、寿命长、有弹性和生理惰性等无机二氧化硅的优异性能，又有防潮、憎水、易加工、可根据不同需求制成不同性能的产品、易于改性等有机高分子的卓越品质。有机硅化合物包括有机硅单体、中间体、硅烷偶联剂和有机硅聚合物。岩石、沙粒、水晶等都以—Si—O—Si—O—骨架为主要组成的，土壤的组分之一硅铝酸盐，也是含有硅氧骨架结构的化合物，均属于无机硅化合物。

随着高新技术发展，国内外正投入更多人力财力竞先发展有机硅。世界各大有机硅生产商都在扩建生产规模，研究工作方兴未艾，每年都有众多新产品投产和专利发表；新的应用领域、新的应用技术，以及新的产品不断涌现，新的市场不断形成，新开发的应用经常出现在新兴工业和高新技术领域。

1.1.3 有机硅材料的发展历程

前述，有机硅材料是一类功能特异、性能优异的环保型新材料。因其具有耐高低温、耐腐蚀性、耐老化等优异特点，成为各国科学家重点研究的对象。随着有机硅化学的不断发展，有机硅材料衍生出许多应用广泛的下游产品，如不同种类的硅油、硅橡胶、硅烷、硅树脂等。经过各国有机硅工作者不断努力探究，此类材料已广泛应用到国防建设、清洁能源、建筑工程、家庭装修、涂料工业、医学等领域。

有机硅材料的研究起源于 19 世纪 60 年代初，法国科学家弗里德（C. Friedel）和克拉夫茨（J. M. Crafts）等以四氯硅烷（$SiCl_4$）和四乙基锌烷 （$ZnEt_4$）为原料，合成了世界上首个含有 Si—C 键的有机硅化合物——四乙基硅烷（$SiEt_4$）。其后，Kipping 和 Dilthey 分别独立地确定了利用 Grignard 反应合成有机硅化合物的方法，并在此基础上合成了各种形式的有机硅化合物。1941 年 Rochow 开发了合成有机氯硅烷的直接新工艺，奠定了有机硅工艺生产基础。自此，许多科学家认识到有机硅材料潜在价值，有机硅工业进入了发展期。由于各类有机硅单体产量与品种的增加，各种工程技术及工艺手段的进步，多种有机硅油、硅树脂等产品问世，并很快应用到各个生产领域中，有机硅工业进入工业生产阶段。之后，得益于各国科学家对有机硅的开发研究，有机硅工业生产及推广应用进入全面发展的新阶段[4]。

我国对有机硅产品的研究最早可追溯到 1952 年，经过自主研发，北京化工试验所研制出我国首类有机硅产品——甲基氯硅烷，并于 1956 年在沈阳建立了中试装置，这成为我国对有机硅材料的初探阶段。1958 年，上海树脂厂建成了我国第一套生产甲基氯硅烷生产装置，为我国有机硅工业的发展奠定了坚实的基础，从此，我国进入了对有机硅材料的工业生产阶段[4]。

1.2 有机硅材料的分类

1.2.1 硅油

1. 硅油的定义及制备方法

硅油通常指的是在室温下保持液体状态的不同聚合度链状聚硅氧烷。一般分为甲基硅油和改性硅油两类[5]。其中，甲基硅油也称为普通硅油，其有机基团全部为甲基。甲基硅油具有良好的化学稳定性、绝缘性，疏水性能好。它是由二甲基二氯硅烷加水水解制得初缩聚环体，环体经裂解、精馏制得低环体，然后把环体、封头剂、催化剂放在一起调聚就可得到各种不同聚合度的混合物，经减压蒸馏除去低沸物就可制得硅油。而改性硅油是指采用其他有机基团代替部分甲基基团，以改进硅油的某种性能和适用各种不同的用途。常见的其他基团有氢、乙基、苯基、氯苯基、三氟丙基等。近年来，有机改性硅油得到迅速发展，出现了许多具有特种性能的有机改性硅油[2]。

2. 硅油的结构与性质[5]

硅油的分子结构可以是直链状的，如图1-1所示，也可以是带支链的，如图1-2所示。

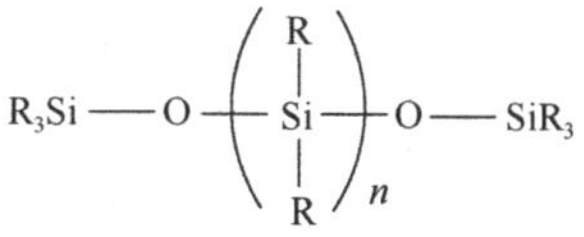

$$\mathrm{R_3Si-O}\left(\begin{array}{c}\mathrm{R}\\ |\\ \mathrm{Si}\\ |\\ \mathrm{R}\end{array}\right)_n\mathrm{O-SiR_3}$$

图1-1 直链状

$$\mathrm{R_3Si-O}\left(\begin{array}{c}\mathrm{R}\\ |\\ \mathrm{Si}\\ |\\ \mathrm{R}\end{array}\mathrm{-O}\right)_n\left(\begin{array}{c}\mathrm{R}\\ |\\ \mathrm{Si}\\ |\\ \mathrm{R}\end{array}\mathrm{-O}\right)_m\mathrm{SiR_3}$$

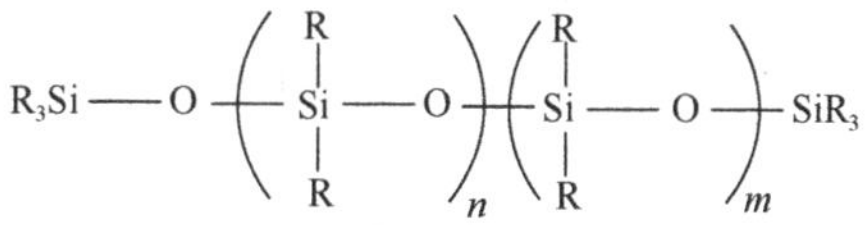

图1-2 支链状

图中，R为有机基团，n，m代表链段数。最常用的硅油中，R均为甲基，称为甲基硅油。R也可以采用其他有机基团代替部分甲基基团。

硅油一般是无色（或淡黄色）、无味、无毒、不易挥发的液体。硅油不溶于水、甲醇、乙二醇和2-乙氧基乙醇，可与苯、二甲醚、甲基乙基酮、四氯化碳或煤油互溶，稍溶于丙酮、乙醇和丁醇。它具有很小的蒸气压、较高的闪点和燃点、较低的凝固点。随着链段数 n 的增加，硅油分子量增大，黏度也增高，可从 0.65 cSt（1 St=10^{-4} m^2/s）直到上百万 cSt。如果要制得低黏度的硅油，可用酸性白土作为催化剂，并在 180℃温度下进行调聚，或用硫酸作为催化剂。

硅油按化学结构来分，有甲基硅油、乙基硅油、苯基硅油、甲基含氢硅油、甲基苯基硅油、甲基氯苯基硅油、甲基乙氧基硅油、甲基三氟丙基硅油、甲基乙烯基硅油、甲基羟基硅油、乙基含氢硅油、羟基含氢硅油、含氰硅油等；从用途来分，则有阻尼硅油、扩散泵硅油、液压油、绝缘油、热传递油、刹车油等。

3. 硅油的性能[5]

耐热性：聚硅氧烷分子中由于主链由—Si—O—Si—键组成，具有与无机高分子类似的结构，其键能（108 kcal/mol①）很高，所以具有优良的耐热性能。二甲基硅油长期使用温度为–60～220℃。在硅油中引入苯基后，可提高它的耐热性能。因此，如果在硅油中引入大量苯基侧基团后，这种硅油在 250℃具有较好的热稳定性。

耐氧化稳定性和耐候性：二甲基硅油从 220℃开始才被氧化，生成甲醛、甲酸、二氧化碳和水，质量减少，同时黏度上升，逐渐成为凝胶。在 250℃以上的高温下，硅氧链断裂，生成低分子环体。在二甲基硅油中加入抗氧剂可显著延长硅油的寿命。通常所用的抗氧剂有：苯基-α-萘胺、有机钛、有机铁和有机铈化合物。如在甲基硅油中加入 16 μg/g 的有机铁抗氧剂进行预氧化后，可使硅油在 204℃的凝胶化时间从 270 h 延长到 2000 h，315℃的凝胶化时间从 5 h 延长到 500 h。

电气绝缘性：硅油具有良好的介电性能，随温度和周波数的变化，其电气特性变化很小。介电常数随温度升高而下降，但变化甚少。例如，黏度为 1000 cSt 的硅油在 30℃时的介电常数为 2.76，在 100℃时为 2.54。

疏水性：硅油的主链虽由极性键 Si—O 组成，但因侧链上的非极性基烷基朝外定向排列，阻止水分子进入内部，起疏水作用。硅油对水的界面张力约为 42 dyn/cm②，当扩散在玻璃上面时，由于硅油的拒水性，形成约 103° 的接触角，可与石蜡媲美。

黏温系数：与具有同样分子量的碳氢化合物相比，硅油的黏度低，而且随温度变化小，这与硅油分子的螺旋状结构有关。硅油是各种液体润滑剂中具有最好黏温特性的一类油，比如温度从 25℃到 125℃，石油的黏度增加了 1060 倍，而二甲基硅油的黏度只增加 17 倍。

高抗压缩性：由于硅油分子的螺旋状结构特性和分子间距离大，因此其具有

---

① cal 为非法定单位，1 cal=4.184J。
② dyn 为非法定单位，1 dyn=10^{-5} N。

较高的抗压缩性。硅油的黏度在压力升高时有较大的变化，但比一般矿物油为小。例如，在 2000 atm①下，石油的黏度提高约 50～5000 倍（视品质而定）；但 100 cSt/25℃二甲基硅油的黏度提高不过 10 倍而已。

润滑性：硅油具有作为润滑剂的许多优良性能，如闪点高、凝固点低、热稳定、黏度随温度变化小、不腐蚀金属以及对橡胶、塑料、涂料、有机的漆膜无不良影响和表面张力低、容易在金属表面铺展等特性。

1.2.2　硅橡胶[5]

1. 硅橡胶的性质与分类

硅橡胶是由二甲基硅氧烷单体和其他有机硅单体在一定条件下聚合而成的，是一类线性高分子弹性体，分子量一般超过 1.5×10^5，其分子链由—Si—O—结构单元组成，侧链有其他有机官能团。由于结构单元中 Si—O 键的键能比 C—C 键的键能高，因此硅橡胶的耐热性能要比天然橡胶（NR）好，并且 Si—O 键比 C—C 键长，氧原子上无侧链基团，导致其主链更容易旋转，所以硅橡胶的柔软性较好。它的结构形式与硅油类似，其通式如图 1-3 所示。

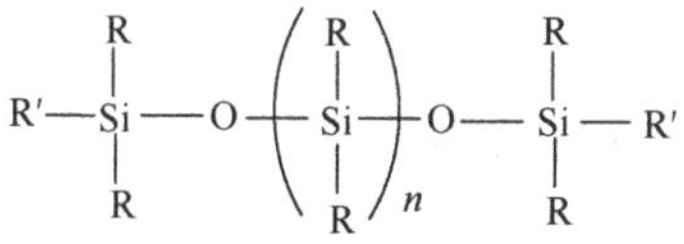

$$R'-\underset{R}{\overset{R}{\underset{|}{\overset{|}{Si}}}}-O-\left(\underset{R}{\overset{R}{\underset{|}{\overset{|}{Si}}}}-O\right)_n-\underset{R}{\overset{R}{\underset{|}{\overset{|}{Si}}}}-R'$$

图 1-3　硅橡胶的结构通式

图 1-3 所示通式中，n 代表链段数，R′是烷基或羟基，R 通常是甲基，但也可引入其他基团，如乙基、乙烯基、苯基、三氟丙基等，以改善和提高某些性能。根据硅原子上所连接的有机基团不同，硅橡胶可有甲基硅橡胶、甲基乙烯基硅橡胶、甲基苯基硅橡胶、氟硅橡胶、腈硅橡胶、乙基硅橡胶以及苯撑硅橡胶等许多品种。

按照硫化方法不同，硅橡胶可分为高温硫化（热硫化）硅橡胶和室温硫化（包括低温硫化）硅橡胶两大类型。但无论哪一种类型的硅橡胶，硫化时都不发生放热现象。高温硫化硅橡胶是高分子量的聚有机硅氧烷（分子量一般为 40 万～80 万）；室温硫化硅橡胶分子量较低（分子量在 3 万～6 万之间），在分子链的两端（有时中间也有）各带有一个或两个官能团，在一定条件下（空气中的水或适当的催化剂），这些官能团可发生反应，从而形成高分子量的交联结构。室温硫化硅橡胶按

① atm 为非法定单位，$1atm=1.01325\times10^5$ Pa。

其硫化机理，可分为缩合型和加成型；按其包装方式，又可分为双组分和单组分两种类型。

2. 硅橡胶的性能

耐高温性能：所有硅橡胶的最显著的特性就是它们的高温稳定性，可在250～300℃的环境中长期使用。若选择适当的填充剂和高温添加剂，其使用温度可高达375℃，并可耐瞬间数千摄氏度的高温。据统计，硅橡胶在120℃下使用寿命可达20年，在150℃下可达5年。

低温弹性：所有的硅橡胶都具有内在的低温弹性，它比天然橡胶或其他的合成橡胶具有较低的脆化点。一般来说，甲基硅橡胶的脆化点为–60～–50℃，特殊配方的硅橡胶脆化点可低至–100℃。硅橡胶的耐寒性与低温弹性不是由于添加增塑剂所致，而是靠改变聚硅氧烷的分子结构来实现的。在聚合物分子中引入一部分苯基可改进硅橡胶的低温弹性。低苯基硅橡胶的玻璃化温度为–120℃，其硫化胶在–100～–70℃的低温下仍具有弹性。

耐候性：硅橡胶具有优良的耐氧、耐臭氧和耐紫外线照射性能，因此，长期在室外使用不会发生龟裂。一般认为硅橡胶在室外使用可达20年以上。

电性能：硅橡胶具有卓越的电性能。其突出优点是介电强度、功率因数和绝缘性能受温度和频率变化很小，在一个很宽的温度范围内，介电强度基本保持稳定不变；在很大的频率范围内，介电常数和介电损耗角正切值几乎不变。硅橡胶的耐电晕性和耐电弧性也非常好，它的耐电晕寿命约是聚四氟乙烯的1000倍；耐电弧寿命约是氟橡胶的20倍。

物理机械性能：硅橡胶的相对密度随品种的不同而不同，一般在1.1～1.6之间，硬度在25～75邵氏A之间，抗张强度从几十至105 kg/cm^2，伸长率在1000%以内。虽然硅橡胶在常温下的机械性能比通用橡胶低，但在150℃的高温下，其机械性能远远优于通用橡胶。硅橡胶的压缩永久变形为7%～10%（在150℃下加压70 h后测定）。通用橡胶虽然在常温下的压缩永久变形值很小（约10%），但温度升高后其值猛增。硅橡胶是理想的减震材料，它在–54～150℃的范围内，在传递性或共振频率方面的变化很小，而且其动态吸附特性也不随硅橡胶的老化而变化。

耐化学物质性能：一般来说，硅橡胶具有良好的耐化学物质、耐燃料油及油类的性能。溶剂对硅橡胶的作用主要是膨胀和软化，而一旦溶剂挥发，硅橡胶的大多数原始性能又恢复了。硅橡胶对乙醇、丙酮等极性溶剂和食用油类等耐受能力相当好，只引起很小的膨胀，机械性能基本不降低。硅橡胶对低浓度的酸、碱、盐的耐受性也较好，如在10%的硫酸中常温浸渍7天，体积和质量变化都小于1%，机械性能无变化。但它不耐浓硫酸、浓碱和四氯化碳、甲苯等非极性溶剂。

生理惰性：硅橡胶本身对人体是惰性的，它无嗅、无味、无毒，当植入动物体内时，其对肌肉组织的反应非常小，加之它特有的耐老化性能，因此被广泛地应用于制造医疗用品和用于整容术以及制造人造器官的材料。

1.2.3 硅烷偶联剂[6,7]

1. 硅烷偶联剂的性质与结构

硅烷偶联剂是一类既含有有机官能团，又具有硅官能团的有机硅烷化合物。这类化合物可以有效地提高无机填料与有机聚合物之间的黏结强度，改善复合材料界面区域的形态变化进而改进力学性能，增强无机填料与有机相之间的界面强度。硅烷偶联剂的优点在于既有利于改善有机-无机化学键合条件，又可以加强有机聚合物基体-无机填料间的分子作用力；还有利于改进有机聚合物基体与无机填料之间的相容性，在复合材料中易形成互相穿插的网络界面结构，改变界面层上有机聚合物的形态结构，以提高有机聚合物复合材料的物理、化学性能。

硅烷偶联剂的化学通式如下：

$$Q—R'—SiR_nX_{4-(n+1)}$$

$$CH_2═CH—SiR_nX_{4-(n+1)}$$

通式中，n=0、1、2，通常为0；$R'=(CH_2)_m$，m 为1或≥3；R为烃基；Q=—Cl、—NH_2、—NHR、—SH、—OCOCMe═CH_2等；X=—Cl、—OMe、—OCH_2CH_3、—OAc等可水解、缩合的官能团。

高分子化学中，在化合物分子的碳主链上，位置不同的取代基会对分子的活性产生不同的影响。因此，对于硅烷偶联剂，当取代基的位置不同时，也会对其性能和稳定性产生不同程度的影响。在硅烷偶联剂结构中，主链上的官能团与硅原子之间间隔的C原子数决定着其自身活性，因此，根据相隔的C原子数目，可以将硅烷偶联剂分为三类，分别是 α 类，β 类和 γ 类官能团硅烷偶联剂。

α 类硅烷偶联剂的化学结构通式：

$$X—CH_2Si(OR)_3$$

β 类硅烷偶联剂的化学结构通式：

$$X—CH_2CH_2Si(OR)_3$$

γ 类硅烷偶联剂的化学结构通式：

$$X—CH_2CH_2CH_2Si(OR)_3$$

通式中，X=—Cl、—NH_2、—NHR、—SH、—OCOCMe═CH_2 等。R=—Cl、—OMe、—OCH_2CH_3、—OAc等可水解、缩合的官能团。

2. 硅烷偶联剂的偶联机理

尽管硅烷偶联剂在提高复合材料性能方面有着显著的作用，但是目前还没有一套完整的理论能够完全阐释其机理。常用来解释的理论主要有化学键理论、变形层理论、可逆水解键理论和表面润湿理论等，其中化学键理论是目前最主要的且能够比较完整阐释的理论。

化学键理论指出，硅烷偶联剂的作用机理实质上是其一端的反应基团与无机材料（如石英、金属等）表面发生化学键合，另一端的反应基团与有机材料（橡胶等）表面发生化学键合，将两种不同的材料黏结到一起。化学键理论能够被大部分人所接受。

变形层理论认为，硅烷偶联剂在复合材料的有机无机界面上形成了一层柔性变形区域，这个区域不仅能起到松弛界面应力的作用，也能阻止裂纹继续扩大，增强界面层的结合力，防止界面缺陷扩大。

可逆水解键理论认为，在有水存在的条件下，当硅烷偶联剂和无机材料间的界面受到应力时，产生的裂纹能够可逆愈合，在界面上既存在刚性区域，又允许应力松弛。

表面润湿理论指出，因硅烷偶联剂具有较低的表面能和较高的润湿能力，在被处理的表面能够均匀分散，从而能够提高不同材料间的相容性和纳米粒子的分散性。

3. 硅烷偶联剂的合成工艺

硅烷偶联剂种类繁多，应用的领域也十分广泛。不同种类硅烷偶联剂的合成路线不尽相同。根据文献报道，主要有以下几种合成路线。

第一种路线是采用氢氯硅烷为原料的合成路线。主要是通过硅和氯化氢反应合成所需要的基础原料三氯氢硅（$HSiCl_3$），再通过先硅氢化后醇解反应或者先醇解再硅氢化反应两种不同的合成路线制备有机硅烷偶联剂。但是这种方法的总体收率较低，并且需要的反应条件也较高。

第二种路线是以硅和醇为原料的合成方法。首先硅单体和醇直接反应制备三烷氧基硅烷，再以三烷氧基硅烷为原料，通过硅氢化反应合成所需要的硅烷偶联剂。

第三种路线主要是以卤代烃基烷氧基硅烷为原料的合成方法。常以卤代烃基烷氧基硅烷为原料，通过亲核取代反应对硅烷中的卤烃基的卤原子进行取代合成硅烷偶联剂。这种方法的实验条件温和，产率较高，可以制取多种硅烷偶联剂，所用的卤代烃基烷氧基硅烷大多为3-氯丙基三烷氧基硅烷和氯甲基氧基硅烷。

$$(RO)_3Si(CH_2)_3—Cl+QY \longrightarrow (RO)_3Si(CH_2)_3—Q+YCl$$

$$(RO)_3SiCH_2—Cl+QY \longrightarrow (RO)_3SiCH_2—Q+YCl$$

反应式中，Q=氨、伯胺、仲胺、羧酸盐、醇化合物、亚硫酸盐等亲核化合物；Y=H 或碱金属。

第四种路线主要是利用一种硅烷偶联剂作为材料，将其转化为另一种硅烷偶联剂的工艺，例如用氰基乙基三乙氧基硅烷还原生产3-氨丙基三乙氧基硅烷，但是这种路线所能合成的硅烷偶联剂品种比较单一。

1.2.4 硅树脂

1. 硅树脂的结构与分类

有机硅树脂是以Si—O—Si为主链，硅原子（Si）上连接有机基团R（R=CH_3、C_6H_5、CH═CH_2 等）的交联型半无机高聚物，在加热或有催化剂存在下可进一步转变成三维结构的不溶不熔的热固性树脂。固化后的分子结构如图1-4所示[8]。

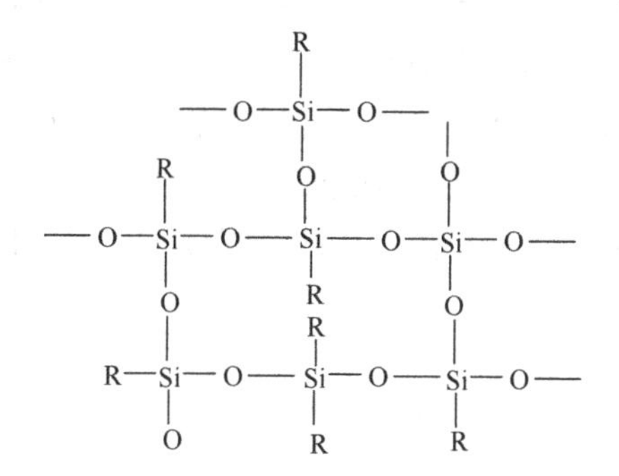

图1-4 硅树脂的结构图

图1-4中R可以是H原子，也可以是甲基（Me）、乙基（Et）、苯基（Ph）、乙烯基（Vi）等有机基团。

硅树脂按照主链硅原子上的取代基不同，一般可分为烷基硅树脂、芳基硅树脂与烷基芳基硅树脂三类；按照交联方式的不同，可分为加成型、过氧化型和缩合型；按照固化方式的不同，可分为热固化型、室温固化型、低温干燥型、紫外光固型；按照产品形态的不同，可分为溶剂型、无溶剂型、乳液型和水基型[9]。

2. 硅树脂的制备方法[9]

有机硅树脂的合成可以通过不同的方法完成。根据所采用的有机硅单体上所带有的官能团的不同，有机硅的合成反应可以是缩合反应、催化加成反应和过氧化物氧化反应。

催化加成反应：通过催化加成反应合成硅树脂，其采用的硅单体上一般连接有乙烯基等双键，通过催化剂的作用使双键断裂，发生硅氢加成反应，从而制备出有机硅树脂。由于催化加成反应中没有小分子的生成，因此通过这种方法得到的硅树脂发泡少，形变小。但是反应采用的原料成本较高，且反应必须在催化剂的作用下进行反应，催化剂易中毒，这也是该反应不可避免的缺点。

$$\equiv Si—CH=CH_2 + H—Si\equiv \xrightarrow{Pt} \equiv Si—CH_2—CH_2—Si\equiv$$

过氧化物氧化反应：是在一些强氧化物的作用下，使得与硅相连的烷基发生氧化还原反应，从而制备出有机硅树脂。这种制备硅树脂的方法，优点是可以在无溶剂的环境中进行，从而避免溶剂对有机硅树脂性能的影响，聚合过程稳定，可以在低温下快速聚合，制备出来的硅树脂可以在低压下固化。但是这种硅树脂的储存稳定性不高，空气会影响树脂固化。

$$\equiv Si—CH_3 + H—Si\equiv \xrightarrow{H_2O_2} \equiv Si—CH_2—CH_2—Si\equiv + H_2$$

缩合反应：是指硅醇之间或者硅醇与硅烷之间通过缩合，脱下一部分小分子，制备出有机硅树脂。通过缩合反应制备硅树脂的反应过程中容易发泡，而且难以控制反应程度。但其制备通常以硅氧烷或氯硅烷为原料，具有原料易得、成本低廉的优点，且制备出来的硅树脂在耐热性、强度方面表现优异，是目前制备硅树脂最普遍的方法。

$$R_nSiX_{4-n} \xrightarrow[H^+/OH^-]{H_2O} R_nSi(OH)_{4-n} \longrightarrow \left[\begin{array}{c} | \\ Si \\ | \end{array} —O \right]_n$$

式中，R 为有机基团，如甲基、乙基、苯基等；X 可以为卤素原子、氢原子或者—NH_2、—OR 等基团。当 n=1 时，产物是体型聚合物；n=2 时产物是线型聚合物；n=3 时，产物是二聚体。

3. 硅树脂的固化形式[9-12]

由不同的方法制备得到的有机硅树脂，其固化交联形式也不同，主要有以下三种形式：

（1）通过缩合法制备的硅树脂，固化时通常需要加入一些金属羧酸盐、胺类化合物或钛酸酯等作催化剂，在加热或无热条件下，使其继续脱水。此外，硅烷氧基和硅羟基之间的脱醇缩合以及硅羟基和硅氢之间的脱氢缩合也属于这类反应；此外含氮低聚物和硅羟基之间的脱氨缩合也可以使有机硅树脂固化。

（2）利用硅原子上连接的乙烯基和硅氢进行的加成反应，通常在铂类催化剂作用下进行。

（3）利用硅原子上的烷基，以有机过氧化物为引发剂通过自由基反应而交联，这类似高温硫化硅橡胶的硫化方式。

4. 硅树脂的性能[9]

热稳定性：由于组成硅树脂骨架结构的 Si—O 键比 C—C 键的键能高，主链比一般的有机树脂更加牢固，因此主链受热分解的温度会比一般的树脂提高。此外，当有机硅受热时，侧链以及 Si 原子上连接的有机基团会在热的作用下脱除，形成更加稳定更加耐热的 Si—O—Si 键。因此，在高温的烘烤下，有机硅的表面将生成一层保护层，从而保护内部的高聚物不受影响。

低温柔韧性：Si—O—Si 键角大、Si—O 键长长，因此硅树脂主链 Si—O—Si 链能自由旋转，因此硅树脂分子链十分柔顺，又因其分子是非极性的，分子间的作用力小，其玻璃化转变温度低，因此硅树脂具有非常好的低温柔顺性。

耐候性：硅树脂具有十分优良的耐候性，这是由于硅树脂分子中不含有双键等活性基团，不容易发生氧化反应，且在紫外光照射下也不容易产生自由基，不会发生自由基反应，因此硅树脂即使在紫外光的强烈照射下也不易变黄。以硅树脂为成膜物质的涂料，添加了耐光颜料和色浆后，可保持其色彩达 15 年以上，且不易粉化。

电绝缘性：由于硅树脂分子是非极性，因此硅树脂具有优良的电绝缘性，属于 H 级绝缘材料，绝缘性等级 180℃，并且即使在宽的温度、频率范围内，硅树脂仍然能表现出良好的绝缘性。硅树脂的介电常数为 3，电击穿强度为 50 kV/mm，体积电阻为 $10^{13}\sim10^{15}$ Ω·cm。在室温下，硅树脂介电损耗角的正切值远低于一般有机树脂，仅为 10^{-3}，而且这个值还会随温度上升而下降，因此硅树脂可以用于制备高压绝缘材料。

耐化学性能：完全固化后，硅树脂结构稳定，具备一定的耐化学药品性。将硅树脂制成漆膜后，可在室温下抵抗浓盐酸、50% 硫酸、硝酸 100 h 以上，但强碱和芳香烃、酮类等有机溶剂会破坏 Si—O—Si 键，使漆膜遭到破坏。

憎水性：硅树脂上的有机取代基团都向外排列，且树脂是非极性的，分子中不含有极性基团，所以硅树脂憎水性较强，并且即使在吸收了水分的情况下，硅树脂也比一般树脂能更快地排出水分，恢复原有性能。此外硅树脂对冷水的抵抗力较对热水强。

1.3 有机硅材料的应用

1. 在塑料加工中的应用[2]

有机硅材料作为一种化工新型材料，以其优异的热稳定性、低温柔韧性、憎水防潮性、卓越的电绝缘性及润滑性等而被广泛地应用于塑料加工的各个领域。利用含有机官能团的活性有机硅中间体作为塑料加工的流动改性剂，已成为当今塑料加工业的新趋势。如聚醚改性硅油、氨基改性硅油、环氧改性硅油以及有机硅–丙烯酸酯共聚物等均为可用作塑料加工助剂的活性有机硅产品。这类助剂加入到塑料助剂中，不但大大改善了塑料的加工性能，而且提高了制品的物理性能。

2. 在电子中的应用[1]

利用有机硅材料的耐高低温性能，可提高电子产品的安全性和可靠性，延长其使用寿命。通常用硅树脂和室温硫化硅橡胶作电子元器件的密封剂和封装剂；硅树脂可作为电子元器件的包封和涂层；高温硅橡胶可作为电线电缆、高压帽和显像管垫块等；用有机硅材料制成的各种形式的介电绝缘材料，可在 180 ℃下工作 2500 h 以上。

3. 在航空航天中的应用[1]

在航天上应用的材料要求苛刻，有的要求能经受剧烈的冷热交替，有的要求耐燃、耐腐蚀和耐辐射，还要求性能绝对可靠。单组分室温硫化硅橡胶已作为宇宙飞船中特殊电机的保护材料，登月宇航员穿的宇航服领子与头盔的密封连接材料。现代超音速飞机要求多种橡胶密封件能在–75～200 ℃ 温度范围内长期工作，并要具有御臭氧的能力。硅橡胶能适应这种苛刻的条件，因此，可用于高速飞机的大部分外露系统（座舱、炸弹舱、起落架舱和航空摄影舱等） 舱孔的密封件。飞机的液压系统和油箱密封也广泛应用硅橡胶密封圈。如“协和号”超音速客机使用硅橡胶密封条长达数千米。

4. 在化妆品中的应用[1]

硅油应用于化妆品中，可改善其性能。硅油的低表面张力与适宜的黏度相结合，可使其他组分易于在皮肤上扩散成薄膜，且无黏稠感。因此，硅油用于护肤品中，形成的疏水薄膜既可防止其他组分被水洗去，又可保持皮肤的正常透气；硅油用在洗发剂中，可使头发易于梳理；用在护发品中，可使头发增加光泽。

5. 在汽车和机车车辆中的应用[1]

随着汽车引擎转速的提高，汽缸温度上升，对汽车的安全性和可靠性要求愈来愈高。在国际上有机硅材料在汽车上的应用已受到了重视，在风扇离合器、缓冲油、刹车油、油封、衬垫等 28 个部位均已采用了有机硅材料。二七机车车辆厂用室温硫化硅橡胶代替过去内燃机车上的一般油脂密封剂，解决了漏油、漏水、漏气问题。二七机车上还设计制造了硅油减震器，并应用在机车上。

6. 在医疗和整形中的应用[1]

有机硅材料由于具有良好的生理惰性、身体适应性、抗凝血性、耐身体老化性和耐高压蒸气消毒等特点，成为目前应用最广泛的医用高分子材料。硅橡胶植入人体组织后，在表面形成一层新生的细薄的组织膜，这层组织膜与硅橡胶不会粘连，因而，硅橡胶植入人体组织内不会相互排斥。医用有机硅材料已制成了人造关节（人工手指、手掌关节），人造乳房，人造鼻，人造气管和支气管，人造硬脑膜、 脑积水外流装置，人造角膜，人造晶体，人造喉头，整形材料，托牙组织，软衬垫等制品；利用硅油的消泡性能，可用于外科手术，防止术后肠粘连。利用硅油的消泡性能，可用于外科手术，防止术后肠粘连，用于抢救急性肺水肿，可迅速疏通呼吸道、改善缺氧状况。用有机硅消泡剂制作的消胀片，可减轻由于消化不良引起腹部气胀的胀痛等。

7. 在纺织业中的应用[1]

硅油及其二次制品在纺织工业中用作防水剂、柔软剂、羊毛防缩整理剂、丝绸防皱整理剂、抗静电剂、防熔融整理剂、多功能整理剂、卫生整理剂、消泡剂和润滑剂等。亲水型有机硅织物整理剂已经为越来越多用户所采用。它具有低的表面张力、易溶于水，经它整理后的织物吸湿性好，具有一般有机硅织物整理剂所没有的亲水特性，可使织物整理后具有柔软滑爽的手感，提高弹性，变得挺括、耐皱折且使织物具有吸湿、透湿、抗静电及防尘性，因此经处理的化纤织物可以加工成内衣、外衣和床上用品等。

8. 在其他领域中的应用[1]

在化学工业中，有机硅在涂料工业中用于对醇酸、丙烯酸、环氧、聚酯、聚氨酯、酚醛、三聚氰胺等树脂的改性，以生产用于化工厂、发电厂、炼油厂、飞机和汽车发动机外壳等高温设备的耐高温涂料、耐候涂料以及桥梁和大炮用漆等。有机硅还可用作生产聚氨酯泡沫塑料用的匀泡剂；硅烷偶联剂可以用作玻璃纤维和玻璃布的处理剂，甲基含氢硅油或甲基硅油还可用作处理灭火材料，干粉即工业碳酸氢钠，它易吸潮、结块、不松散、急用时有时喷撒不出来，而经硅油处理后的干粉在水中浸泡不结块，存放中不易吸潮，储存期从过去不到 1 年延长到 3～4 年。

参考文献

[1] 孙酣经. 我国有机硅材料的发展和展望[J]. 化工时刊, 2001, (9): 12-17.

[2] 谢容浩. 有机硅材料的发展与应用[J]. 广东建材, 2007, (11): 220-221.

[3] 中商产业研究院. 2019 年中国有机硅行业发展现状及发展前景分析[EB/OL]. [2019-11-12]. http://www.askci.com/news/chanye/20191112/1427271154653.shtml.

[4] 罗运军, 桂红星.有机硅树脂及其应用[M]. 北京: 化学工业出版社, 2002.

[5] 吴森纪.有机硅及其应用[M]. 北京: 科学技术文献出版社, 1990.

[6] 李员. 硅烷偶联剂改性白炭黑及在硅橡胶中的应用[D]. 济南: 济南大学, 2015.

[7] 张先亮, 唐红定, 廖俊. 硅烷偶联剂——原理、合成与应用[M]. 北京: 化学工业出版社, 2012.

[8] 刘子珣. 有机硅树脂涂料的制备及性能研究[D]. 广州: 华南理工大学, 2013.

[9] 肖颖. 聚氨酯改性硅树脂的合成与性能研究[D]. 北京: 北京化工大学, 2012.

[10] 晨光化工研究所有机硅编写组. 有机硅单体与聚合物[M]. 北京: 化学工业出版社, 1986.

[11] 王宏刚. 耐热有机硅树脂研究进展[J]. 粘接, 2000, 21(3): 29-33.

[12] 刘国杰. 有机硅树脂涂料的最新发展[J]. 应用科技, 2008, 16(10): 11-12.

第 2 章 纳米铜系催化剂合成烷氧基含氢硅烷[1]

有机烷氧基含氢硅烷是有机硅工业的基本原料之一。它在有机硅化学和有机硅工业中的重要性仅次于有机卤硅烷，也是有机硅工业中的重要中间体。这是因为烷氧基含氢硅烷既含有可水解和醇解的 Si—OR 键，又具有活泼的 Si—H 键。硅氢键能与一系列的烯、炔类单体在铂催化剂下发生硅氢加成反应，得到各种硅烷偶联剂（如三乙氧基硅烷与乙炔可进行催化加成得到高选择性的乙烯基三乙氧基硅烷）；与 γ-氯丙烯催化合成可得到高纯度的 γ-氯丙基三乙氧基硅烷，还可制得有机硅封端固化的聚醚、聚丙烯酸酯密封胶和黏合剂等产品[2,3]。

2.1 烷氧基含氢硅烷的制备方法与应用

2.1.1 烷氧基含氢硅烷的制备方法

烷氧基含氢硅烷主要指三甲氧基含氢硅烷、三乙氧基含氢硅烷和三丙氧基含氢硅烷等（上述烷氧基含氢硅烷可以分别简称为三甲氧基硅烷、三乙氧基硅烷和三丙氧基硅烷）。以下主要介绍部分含氧硅烷的制备方法[4]。

1. *有机卤硅烷与醇的酯化反应*

这是制备有机烷氧基硅烷的主要方法，反应式如下：

$$Si+3HCl \longrightarrow Cl_3SiH+H_2\uparrow$$

$$Cl_3SiH+3CH_3CH_2OH \longrightarrow (CH_3CH_2O)_3SiH+3HCl$$

$$CH_3CH_2OH+HCl \longrightarrow CH_3CH_2Cl+H_2O$$

$$(CH_3CH_2O)_3SiH+CH_3CH_2OH \longrightarrow (CH_3CH_2O)_4Si+H_2\uparrow$$

$$(CH_3CH_2O)_2SiHCl+CH_3CH_2OH \longrightarrow (CH_3CH_2O)_3SiCl+H_2\uparrow$$

醇解反应的速度主要取决于亲核进攻的速度，所以硅原子上连接的电负性原子或基团的数目越多，醇解反应速度就越快。卤硅烷的醇解反应有时可用碱性催化剂（如醇钠）加以促进。空间位阻较大的有机卤硅烷的醇解反应，需要加碱性催化剂（或醇钠）才能顺利进行：

$$(C_6H_{11})_3SiCl+C_6H_{11}OH \xrightarrow{C_6H_{11}ONa} (C_6H_{11})_3SiOC_6H_{11}+NaCl$$

在各种硅–卤键中，通常利用 Si—Cl 键醇解制备烷氧基硅烷。这是因为在所有硅–卤键中，Si—F 最不活跃，有机氟硅烷和醇只是在通入无水氨气情况下才发生反应，而 Si—Br 和 Si—I 较 Si—Cl 而言更容易发生反应，但其对环境污染较大，一般不采用[5]。

有机氯硅烷醇解反应的速度，随硅原子上烃基或烷氧基数目的增加而递减：

$$CH_3SiCl_3 > CH_3Si(OC_2H_5)Cl_2 > (CH_3)_2SiCl_2 > CH_3Si(OC_2H_5)_2Cl > (CH_3)_2Si(OC_2H_5)Cl > (CH_3)_3SiCl$$

氯硅烷醇解的反应条件对目的产物的收率有很大影响。这是因为反应过程中放出的卤化氢能与醇进一步作用，生成相应的烷基卤化物和水：

$$2ROH+2HCl \longrightarrow 2RCl+H_2O$$

而水在酸性介质中，不仅能使原料氯硅烷水解，而且还使烷氧基硅烷发生水解：

$$nR_2Si(OR')_2+nH_2O \xrightarrow{H^+} (R_2SiO)_n+2n\,R'OH$$

此外，生成的烷氧基硅烷还可与卤硅烷发生缩合反应，生成烷基卤化物：

$$\geqslant Si—OR+Cl—Si \leqslant \longrightarrow \geqslant Si—O—Si \leqslant +RCl$$

在醇类中，叔醇与有机卤硅烷反应生成烷基卤化物的趋向最大，仲醇次之，伯醇最小。

2. 酯交换法

低级烷氧基硅烷 $H_nSi(OR)_{4-n}$（式中，R 为 Me，Et；n 为 0 或 1）可与较高级的一元醇、多元醇、聚二醇及苯酚等进行酯交换反应，生成相应的烷氧基硅烷或芳氧基硅烷。酯交换反应可被醇钠、钛酸酯、硫酸、三氟乙酸、胺类及季铵碱等加速。例如，$HSi(OMe)_3$ 在加热下可和乙醇发生酯化反应得到 $HSi(OEt)_3$，副产的甲醇可通过加入苯进行共沸分馏而除去，并从最后一个馏分中获得纯度为 96.4% 的三乙氧基硅烷[6]。

$$HSi(OMe)_3+3EtOH \longrightarrow HSi(OEt)_3+3MeOH$$

3. $HSi(NMe_2)_3$ 醇解法

$HSi(NMe_2)_3$ 在惰性气氛及催化剂作用下，可与 EtOH 反应，得到 96%的三乙氧基硅烷及 3%的副产物四乙氧基硅烷。适宜的催化剂有：CO_2、HCl、$AlCl_3$、$Et_2N^+H_2Et_2NCO_2^-$ 及 $Me_2N^+H_2Me_2NCO_2^-$ 等。除乙醇外，i-PrOH、t-BuOH 及 $CH≡CCMe_2OH$ 等也可用于反应。

4. 二硅烷的醇解热裂解制备烷氧基含氢硅烷

H. A. William 等利用有机硅工业中的原料制备了含烷氧基基团的二硅烷，然后在醇存在下进行裂解制备了烷氧基含氢硅烷。M. Kuriyagawa 介绍了氯硅烷气体通过含有硅铜的反应器，在醇存在下，当反应温度为 573 K 时可制备得到烷氧基的二硅烷。而 D. G. Philip 等则用苯酚等与甲基氯硅烷反应得到含苯酚基的硅烷，例如以甲基氯硅烷和苯酚于 573 K，1.5 h 可制得$(CH_3)Si(OC_6H_5)_3$等的化合物。H. A. William 用上述含烷氧基基团的二硅烷经醇解热裂解得到了烷氧基含氢硅烷，例如以甲醇和六甲氧基二硅烷按一定的配比在一密闭系统加热到 473 K 可得到较好收率的三甲氧基硅烷，并且二硅烷的转化率也较高，据他们报道，反应 1 h、2 h 和 3 h，三甲氧基硅烷的收率和二硅烷的转化率分别是 79.8%、64.4%，68.0%、87.7%，71.7%、95.5%。其合成的化学反应式如下：

$$(CH_3O)_3Si—Si(OCH_3)_3+CH_3OH \longrightarrow HSi(OCH_3)_3$$

5. 直接催化合成法

直接催化合成法是烷氧基含氢硅烷合成中最有前景的一种方法，其反应方程式为：

$$Si+3ROH \longrightarrow HSi(OR)_3+H_2\uparrow \text{（主反应）}$$
$$HSi(OR)_3+ROH \longrightarrow Si(OR)_4+H_2$$
$$ROH+H_2 \longrightarrow RH+H_2O$$
$$2ROH \longrightarrow ROR+H_2O$$
$$RCH_2OH \longrightarrow RCH{=}CH_2+H_2O$$
$$2Si(OR)_4+H_2O \longrightarrow (RO)_3\,SiOSi(OR)_3+2ROH$$
$$2HSi(OR)_3+H_2O \longrightarrow H(RO)_2SiOSi(OR)_2H+2ROH$$
$$2HSi(OR)_3+Si(OR)_4+H_2 \longrightarrow HSi(RO)_2OSiOSi(OR)_2OSi(OR)_2H+2ROH$$

直接催化合成法按操作方式，又可分为间歇法、半连续法和连续法，分别如下所述。

1）液相釜式搅拌间歇法

T. Suzuki 等将经过预先处理的硅粉和催化剂放入二苄基甲苯溶剂中，搅拌，升温，达到 100℃后，将甲醇或乙醇经过醇的导入管通入反应器中进行反应，反应器上配有冷凝器的出料口使生成的烷氧基含氢硅烷冷凝并收集。铃木哲身等使用十二烷基苯为主要溶剂（添加少量冠醚）作悬浮剂通过上述类似的反应装置合成三乙氧基硅烷。还有许多文献也都采用这种方式合成烷氧基含氢硅烷。这种方法的特点是可以以液相或气相通入，搅拌速度一般要求在 800～1000 r/min，要求产生的烷氧基含氢硅烷尽可能快离开反应器，否则很可能得不到三烷氧基硅烷，只能得到四烷氧基硅烷。缺点是气相法（即醇以气态通入）反应首先生成四烷氧基硅烷，且反应速度较快，比较难得到真正所需要的三烷氧基含氢硅烷；而液相法（即醇以液态通入）生成三烷氧基硅烷比例较多，但反应速度较慢，硅粉的转化率较低，实用价值不大。

2）气固相管式间歇法

早在 1948 年，Rochow 报道了在固定床反应器中，熔融的硅与铜在惰性气体中于 1323 K 的高温下预处理 2 h，在 553 K 下，硅和甲醇蒸气反应得到四甲氧基硅烷，但是，硅的转化率只有 33%而且基本上未得到三烷氧基硅烷，后来他继续开展了该项研究，四甲氧基硅烷的收率达到 75%，但三烷氧基硅烷的收率仍不高。之后经过有机硅界的科学家和工程师齐心协力，该项研究取得了一定进展，硅烷转化率达到 85%，三甲氧基硅烷选择性为 85%的好结果。气固相反应最大的优势是产物中完全没有液相法所携带的少量溶剂问题，但是反应一般需要在一定压力（如 4 MPa）下进行，固定床散热也受到限制，因此反应器温度控制不好操作。

3）连续液相釜式搅拌法

具有典型意义的是美国联合碳化物公司的 J. S. Ritscher 等，他们认为要实现连续化实验至少需要三台反应釜，反应原料进行逆向接触反应，反应达到稳定后，硅粉的转化率为 90%，三甲氧基硅烷的选择性为 91%。他们提出的工艺流程图见图 2-1。在这个流程中，含有硅粉、催化剂和溶剂的物料（1）连续进入第一个反应器（2），从第一个反应器出来的含有硅粉、催化剂和溶剂的第二股物料（3）靠重力或通过泵进入中间反应器（4），从中间反应器（4）出来的含有硅粉、催化剂和溶剂的第三股物料（5）靠重力或通过泵进入最后一个反应器（6）。甲醇（7）通过汽化器（8）产生气态甲醇（9）进入反应器（6）并与其中的原料反应，反应后含有三甲氧基硅烷的甲醇（10）通过压缩机（11）进入中间反应器（4），同样反应后的气流（12）通过压缩机（13）进入第一个反应器（2），最终反应出来的甲醇少于 2%的产物（14）从第一个反应器（2）排出。含有硅粉和废催化剂的细粉的浆料（15）通过过滤器（16）滤去细粉，并通过物料管（17）排出，浆料中的溶剂（18）用泵（19）通过物料管（20）打入第一个反应器。

4）流化床法

目前合成有机硅甲基单体和苯基单体的生产装置都是流化床，这种设备产量大（将流化床的直径作大），反应时传热均匀，操作已实现了自动化。

最早开展流化床法合成烷氧基含氢硅烷研究的也是联合碳化物公司，研究者是 P. M. Nicolaas，他用气相甲醇或乙醇在 10% CuCl 及锌粉、铝粉等助剂下反应，反应出来的产物通过 193 K 的干冰冷却得到烷氧基含氢硅烷。许多研究者对流化床法进行了研究。时至今日发展到了搅拌流化床，用于合成三甲氧基硅烷时，硅粉

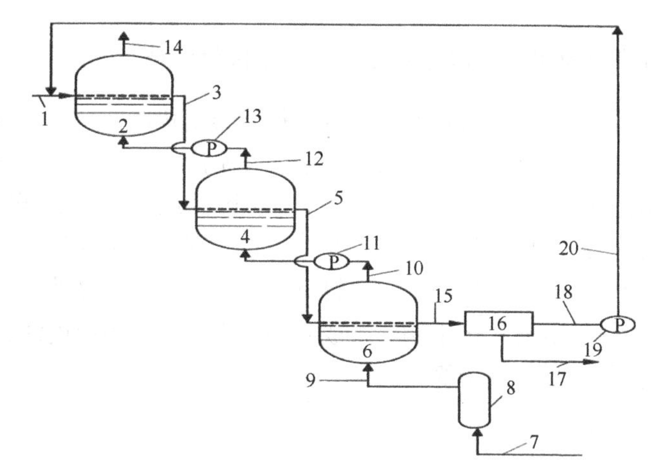

图 2-1　连续液相合成三甲氧基硅烷流程图

转化率为 91%，三甲氧基硅烷的选择性达到 75%。流化床法合成烷氧基含氢硅烷最大的优势在于流化床的技术优势，难点是流化床结构复杂，硫化床中的传热管易磨损，一旦磨损，传热管中的导热油进入流化床中，反应就无法进行[7,8]。

2.1.2　烷氧基含氢硅烷的应用

1. 制取硅官能硅烷及碳官能硅烷

主要通过格氏试剂法、加成法及再分配法等方法制取烃基化程度更高、带有混合烃基以及生产上需要的烷氧基硅烷，分别可用反应式示意如下：

$$HSi(OR)_3+nR'MgX \longrightarrow R_n'SiH(OR)_{3-n}+nMg(OR)X$$

$$HSi(OR)_3+R'CH{=}CH_2 \longrightarrow R'CH_2CH_2Si(OR)_3$$

$$HSi(OR)_3+R''C{\equiv}CH \longrightarrow R''CH{=}CHSi(OR)_3$$

$$\equiv SiOR+HSi^{*}\equiv \longrightarrow \equiv SiH+ROSi^{*}$$

2. 制取聚硅氧烷

烷氧基硅烷是制备硅油、硅橡胶及硅树脂等的重要中间体之一，其用量仅次于有机氯硅烷。$HSi(OR)_3$ 可为聚硅氧烷提供含有 Si—H 键的三官能（T）硅氧链节，$Si(OR)_4$ 则可提供四官能（Q）硅氧链节，它们在制备交联度立体结构的硅树脂有多方面的应用。例如，这些烷氧基硅烷共水解缩合制成的透明增硬涂料，已广泛用作透明塑料制品的表面耐磨涂层、树脂改性剂、信息记录材料用改性剂、无机或金属表面改性剂等，可有效提高表面硬度及耐油性等。

3. 制备耐磨增硬用的太阳能电池、液晶等保护材料

$HSi(OR)_3$与其他烷氧基硅烷水解缩合制得的透明树脂，已广泛用作如阳光板、眼镜片、墨镜及汽车尾灯等的表面增硬、耐磨及耐溶剂涂层；在聚氨酯、丙烯酸树脂、聚酯及酚醛树脂中，加入烷氧基硅烷或由其制成的预聚物，可改进耐热性、耐寒性、耐水性、防带电性及加工性，甚至可以实现室温下固化，用作静电复印增色剂、照相胶片、磁带改性；引入涂料可降低吸湿性、抗黏性及电磁特性；近年来，烷氧基含氢硅烷直接用于制备合成石英、陶瓷、太阳能电池、半导体的高纯原料，用作液晶的保护、绝缘膜。

4. 制取硅溶胶

烷氧基硅烷可用于制取硅溶胶，所得硅溶胶的凝胶化时间可通过碱催化剂加入量及温度来控制。这种活性溶胶可用作铸模、耐火材料及富锌涂料的黏合剂。

5. 制取玻璃

烷氧基硅烷经过水解、凝胶化及高温处理制取玻璃的工艺，可使熔融温度由2273 K降为1173 K，还能获得传统工艺无法制得的玻璃。

6. 制取SiO_2纤维及光导纤维

以氧气作载气将烷氧基硅烷导入973 K下的石英板上，使之氧化生成纤维状的SiO_2，后者可用作橡胶及塑料的补强剂，还可用作高温绝缘材料、隔热材料及催化剂载体。近年来，烷氧基含氢硅烷用于光固化有机硅涂复光导纤维外层，使光导纤维进入实用阶段；宇宙工业采用耐高温性能和化学惰性十分优异的烷氧基含氢硅烷处理的碳化硅纤维，增加了金属和陶瓷的强度，提高了宇宙器的性能。

7. 用作特种液体介质

烷氧基硅烷含有可水解的键，具有优良的水解稳定性、凝固点低、沸点高、耐热性及润滑性能好等优点，可用作液体传动、工作油、绝缘油、导热介质及扩散泵油等，可在更宽的温度范围内使用。

8. 制取高补强湿法白炭黑

由烷氧基硅烷与硅氮烷共水解缩合制得的湿法白炭黑，可使硅橡胶的拉伸强度提高到13.8 MPa，达到气相法高补强白炭黑的效果。

9. 用于制取具有生物活性的杂氮硅三环

由烷氧基硅烷与 $N(CH_2CH_2OH)_3$ 反应制成的杂氮硅三环，可通过改变 R 的结构获得不同性能的生理活性的化合物，有的可用作杀鼠剂，有的能促进伤口愈合及头发生长，有的还能提高母鸡的产蛋率[9-11]。

2.2　氯化亚铜催化合成三乙氧基硅烷

2.2.1　气态乙醇鼓泡法硅–醇直接合成三乙氧基硅烷

在装有搅拌器、加料漏斗和温度计的四口烧瓶中，加入一定量的溶剂，在搅拌和惰性气体保护下，加入已预先处理的硅粉和氯化亚铜混合物，加完后升温至一定温度，通入自制装置产生的乙醇蒸气，乙醇和硅粉在催化剂作用下生成三乙氧基硅烷。用气相色谱跟踪分析反应的情况，并以产物中的三乙氧基硅烷的选择性为主要跟踪对象。

1. 催化剂前驱物的制备

取一定量分析纯的氯化亚铜，真空干燥，碾碎，过筛，备用。然后与硅粉混合在催化剂预处理器中，于某种温度下在氮气气氛中加热数小时后备用。

2. 三乙氧基硅烷的合成

在装有搅拌器、进样器和温度计的 250 mL 的三口烧瓶中，加入一定量的溶剂，在搅拌和惰性气体的保护下，加入预先处理的硅粉和氯化亚铜的混合物。使反应体系升温到预定的温度，通入乙醇蒸气，用气相色谱跟踪反应进行的情况。产物中的三乙氧基硅烷的选择性为主要跟踪对象。硅粉转化率指反应 24 小时后，反应消耗的硅粉与投入反应的硅粉之比的百分数。由于硅粉在反应中的转化率均接近 99.9%，工艺条件的优劣难于区分，以三乙氧基硅烷的选择性来评价催化剂的活性。

三乙氧基硅烷的选择性=反应物中三乙氧基硅烷的量/
(反应物中三乙氧基硅烷的量+四乙氧基硅烷的量)

2.2.2　气态乙醇鼓泡法硅–醇直接合成中反应条件的影响

1. 预处理温度对产物选择性的影响

研究了硅粉–铜催化剂预处理温度对反应的选择性和硅粉的转化率的影响。据文献报道，预处理温度低于 373 K 时，该反应不会发生。此实验中，将硅粉–铜催化剂混合物置于惰性气体保护下，当预处理为 333K，反应的选择性达到 91%；当预处理温度为 358 K 时，反应的选择性达到 96.5%；而进行高温处理时，选择性提高很小，如预处理温度 523 K，选择性只为 98.53%，仅提高 2.03%（与 358 K 处理相比）。

2. 反应温度对产物选择性的影响

反应温度对产物选择性的影响如表 2-1 所示。在直接法合成工艺中，反应温度对产物的选择性影响较大，温度太低，反应生成的部分高沸物不会蒸发出来，会进一步与醇反应生成副产物，从而降低了醇的有效利用率。温度太高，反应速度加快，但生成副产物的速度也会加快。实验表明，当反应温度控制在 483～503 K 范围内，产物的选择性较好。

表 2-1　反应温度对产物选择性的影响

反应温度/K	选择性/%
463	97.65
483	98.89
503	98.94
523	98.53
533	92.43
553	93.35

3. 催化剂用量对产物选择性的影响

催化剂用量对产物选择性的影响如表 2-2 所示。对于氯化亚铜催化剂，随着反应的进行，反应液的酸性越来越小，反应的选择性也逐渐降低。但催化剂用量过多，反应生成的三乙氧基硅烷会与未反应的乙醇进一步反应，生成四乙氧基硅烷。实验表明，当氯化亚铜用量占硅粉质量的 10%左右时，产物中三乙氧基硅烷的选择性较好。

表 2-2　氯化亚铜用量对产物选择性的影响

氯化亚铜用量/%	选择性/%
15	86.04
10	98.53
5	97.00
2.4	95.98

4. 硅粉粒度对产物选择性的影响

硅粉粒度对产物选择性影响如表 2-3 所示。实验中，由于是多相反应，即气态的乙醇在溶剂中与固态的硅粉发生反应，硅粉的颗粒较小，也即硅粉的比表面积愈大，反应的接触面愈大，在搅拌条件下，较细的硅粉分散更好，那么反应的选择性较好。实验表明，以 45～63 μm 的硅粉对合成三乙氧基硅烷的选择性较好。

表 2-3　硅粉粒度对产物选择性的影响

硅粉直径/μm	选择性/%
45～63	98.89
65～80	97.89
80～100	95.27
100～200	82.99

5. 乙醇流速对产物选择性的影响

乙醇流速对产物选择性的影响如表 2-4 所示。乙醇加料速度太快，反应体系中未反应的乙醇会增多，而这些乙醇会进一步与生成的三乙氧基硅烷反应生成四乙氧基硅烷，这样就降低了产物中三乙氧基硅烷的含量，降低了产物的选择性。在分离过程中，三乙氧基硅烷也会与乙醇反应。此外，未反应的乙醇还会与反应液中的微量酸反应生成副产物氯乙烷和水，这既浪费了乙醇、损失了三乙氧基硅烷，又阻止了反应的有效转化，因为产生的水与生成的三乙氧基硅烷反应成溶胶。实验表明，乙醇的气相流速控制在 40～60 mL/min 较好，选择性达到 95%以上。

表 2-4　乙醇流速对产物选择性的影响

乙醇流速/(mL/min)	选择性/%
30	68
40	96
60	95
80	94
100	90
140	88
300	84

6. 溶剂对产物选择性的影响

溶剂对产物选择性的影响如表 2-5 所示。溶剂，也称悬浮剂，其主要作用是分散反应介质，散发反应热以防止反应局部过热等。此外，所用的溶剂应是惰性的且在活化和反应条件下不会裂解。理想的溶剂是高温下稳定的有机溶剂，如导热油、甲基苯基硅油、石蜡油、二苯醚、十二烷基苯、冠醚、四烷氧基硅烷等。实验选取了几种导热油进行了对比，发现国产导热油 YD-325 对产物的选择性最好[12-14]。

表 2-5　不同溶剂对产物选择性的影响

溶剂种类	选择性/%
L-QSD320	85.23
YD-325	98.62
THERMINOL 59	98.37
YD-320	96.62

2.3　纳米氧化铜催化剂直接合成三乙基硅烷

2.3.1　氧化铜催化剂的制备

将一定量的 $Cu(NO_3)_2$ 放入三口烧瓶中，升温搅拌，用一定浓度的 NaOH 滴加并调制预先设定的 pH 值，加入一定量的表面活性剂，在搅拌加热下回流 1 h 得到黑褐色沉淀物，趁热过滤并用蒸馏水洗涤数次，试样于真空烘箱 60℃干燥 3h 以上，研碎、过筛即得到催化剂氧化铜粉末。

2.3.2　气态乙醇鼓泡法硅–醇直接合成中反应条件的影响

1. 反应温度对产物选择性的影响

以纳米氧化铜作催化剂时，温度对产物的选择性影响较大。温度太低，反应生成的部分高沸物不会蒸发出来，会进一步与醇反应生成副产物，从而降低了醇的有效利用率。温度太高，反应速度加快，但生成副产物的速度也会加快。实验表明，当反应温度控制在 483 K 左右时，反应的选择性较好，且以温度为 483 K 为最佳，见表 2-6。

表 2-6　反应温度对产物选择性的影响

反应温度/K	选择性/%
453	97.1
463	98.1
483	99.1
503	98.5
523	98.4
533	97.35

2. 催化剂用量对产物选择性的影响

纳米氧化铜是一种高活性、高选择性的催化剂，反应所需的用量较使用氯化亚铜的少。实验证明，当纳米氧化铜用量占硅粉质量的 5%左右时，产物的选择性就已达到较高，再增加催化剂用量，产物的选择性增加不大，所以我们认为催化剂用量为 5%时产物的选择性较好，见表 2-7。而以 CuCl 为催化剂时，需要 10%以上才能达到上述效果，原因是纳米氧化铜的比表面积高于 CuCl 的比表面积，催化剂的活性也高于 CuCl，所以用量减少。

表 2-7　氧化铜用量对产物选择性的影响

氧化铜用量/%	选择性/%
0.5	98.10
1	98.32
5	99.10
10	99.15
15	99.2

3. 不同硅粉粒度对产物选择性的影响

由于该反应是多相催化反应，气态乙醇和固态的硅粉两相分子间的有效碰撞是实现良好反应的前提。在反应过程中通过鼓入一定量的惰性气体及加快搅拌速度可以获得较好的悬浮分散效果。与此同时，也可以将反应过程中生成的三乙氧基硅烷迅速脱离反应体系，以减少副反应的生成，因为三乙氧基硅烷不迅速离开反应体系，它会与不断通进来的乙醇进一步生成四乙氧基硅烷。因此，在通惰性气体或加快搅拌的情况下，硅粉的颗粒越小（硅粉的外表面积愈大），硅粉的分散效果越好，流动性也越好（在适当的溶剂中，在高速搅拌下，较细的硅粉不会出现沉积、胶黏现象），溶剂中乙醇分子与该硅粉反应的接触面愈大，反应的概率愈大，三乙氧基硅烷脱离反应体系愈快，因而反应的选择性更好。实验表明，以 45～63 μm 的硅粉对合成三乙氧基硅烷的选择性较好，详见表 2-8。

表 2-8　硅粉粒度对产物选择性的影响

硅粉直径/μm	选择性/%
45～63	99.1
65～80	98.5
80～100	97.3
100～200	95.9

4. 乙醇流速对产物选择性的影响

从表 2-9 可以看出，当乙醇气相流速为 40～75 mL/min 时，合成液中三乙氧基硅烷的选择性大于 98%；从工业价值来看，乙醇气相流速控制在 400 mL/min 以下都是有意义的，因为一般来讲，能保持产物中三烷氧基硅烷的选择性大于 90% 具有工业应用价值。由文献[15]可知，同种条件下，以氯化亚铜作催化剂，乙醇的加料速度为 40～60 mL/min 时，合成的三乙氧基硅烷具有工业价值。与之相比，乙醇加料速度的范围是大大加宽了（40～400 mL/min），这也从另一个侧面反映了制备的纳米氧化铜催化剂的活性高于氯化亚铜催化剂。若乙醇气相流速大于 450 mL/min，也就是说乙醇加料速度太快，反应体系中未反应的乙醇会增多，而这些乙醇会进一步与生成的三乙氧基硅烷反应生成四乙氧基硅烷，这样就降低了产物中三乙氧基硅烷的含量，降低了反应的选择性。在分离过程中，三乙氧基硅烷也会与乙醇反应。但与以氯化亚铜为催化剂合成三乙氧基硅烷不同的是，由于反应产物基本上是中性的，不会发生未反应的乙醇与反应液中的微量酸反应生成副产物氯乙烷和水这一副反应，也避免了水与生成的三乙氧基硅烷反应生成溶胶这个问题。因此，以纳米氧化铜为催化剂合成的产物三乙氧基硅烷的稳定性远远大于以氯化亚铜为催化剂合成的三乙氧基硅烷。这样，就大大提高了乙醇的有效利用率及乙醇有效转化率[16,17]。

表 2-9　乙醇流速对产物选择性的影响

乙醇流速/(mL/min)	选择性/%
30	89.0
40	98.5
75	98.5
100	96.5
130	95.5
300	93.5
400	91.0

5. 溶剂对产物选择性的影响

该反应中要求溶剂为惰性，即不能与反应物发生反应，在较高温度下不分解、不挥发，热稳定性好，无毒、价廉，易于回收使用等。因此，溶剂的选用就非常重要，我们选取了几种导热油进行实验，发现国产导热油 YD-325 对产物的选择性最好，具体见表 2-10。

表 2-10　不同溶剂对产物选择性的影响

溶剂	选择性/%
L-QSD320	65.2
YD-325	99.1
THERMINOL 59	98.3
YD-320	93.6

2.4　纳米氢氧化铜催化剂直接合成三乙基硅烷

2.4.1　纳米氢氧化铜催化剂的制备

将一定量的 $Cu(NO_3)_2$ 放入三口烧瓶中，升温搅拌，加入一定浓度沉淀剂，使溶液中呈现出蓝色沉淀，然后加入一定量的表面活性剂，在搅拌加热下回流 2 h 得到灰白色沉淀物，趁热过滤并用蒸馏水洗涤数次，试样于真空烘箱 60℃干燥 8 h 后取出，研碎、过筛即得到纳米氢氧化铜催化剂粉末。

2.4.2　气态乙醇鼓泡法硅–醇直接合成中反应条件的影响

1. 反应温度对产物选择性的影响

以纳米氢氧化铜作催化剂时，温度对产物的选择性影响也较大。与使用纳米氧化铜作催化剂相似，温度太低，反应生成的部分高沸物不会蒸发出来，会进一步与醇反应生成副产物，从而降低了醇的有效利用率。温度太高，反应速度加快，但生成副产物的速度也会加快。实验表明，当反应温度控制在 483～503 K 范围内，反应的选择性较好，且以温度为 483 K 为最佳，见表 2-11。由于产物中没有酸性物存在，减少了乙醇和盐酸生成氯乙烷和水的副反应，也大大减少了水与三乙氧基硅烷进一步反应生成溶胶的副反应，正是这一反应，使产物的选择性有所提高。

表 2-11　反应温度对产物选择性的影响

温度/K	选择性/%
453	96.3
463	97.6
483	98.9
503	98.0
523	97.6
533	96.5

2. 催化剂用量对产物选择性的影响

与纳米氧化铜催化剂一样，纳米氢氧化铜也是一种高活性、高选择性的催化剂，在该反应中，催化剂的用量比使用氯化亚铜要少近一半。实验证明，当纳米氢氧化铜用量占硅粉质量的6%左右时，产物的选择性就已达到较高，再增加催化剂用量，产物的选择性增加不大，故增加催化剂用量意义不大，所以催化剂用量为 6%时产物的选择性较好，见表 2-12。实验证明，纳米氢氧化铜的活性比纳米氧化铜的活性稍差一些，但基本上属于同一数量级。而以 CuCl 为催化剂时需要10%以上才能达到上述效果，原因是纳米氢氧化铜的比表面积高于 CuCl 的比表面积 5.9 倍，且纳米氢氧化铜的粒径比氯化亚铜小得多，因此催化剂的活性高于CuCl。

表 2-12　纳米氢氧化铜用量对产物选择性的影响

纳米氢氧化铜用量/%	选择性/%
1	97.5
2	98.2
6	98.9
10	99.0
15	99.1

3. 硅粉粒度对产物选择性的影响

以纳米氢氧化铜为催化剂合成三乙氧基硅烷，硅粉粒度对产物的选择性也有较大的影响。有关实验数据见表 2-13。实验表明，以 45～63 μm 的硅粉对合成三乙氧基硅烷的选择性较好。这一点与纳米氧化铜为催化剂合成三乙氧基硅烷的实验结果是一致的，不同的是纳米氢氧化铜合成时产物的选择性稍低点。

表 2-13　硅粉粒度对产物选择性的影响

硅粉直径/μm	选择性/%
45～63	98.9
65～80	97.7
80～100	97.2
100～200	95.9

4. 乙醇流速对产物选择性的影响

在纳米氢氧化铜催化剂存在下，在同一硅粉、同样实验条件下，考察了不同乙醇气相流速对产物选择性的影响，见表 2-14。乙醇的流速对反应的影响较大，流速慢，反应速度和选择性较低。从表 2-14 可以看出，当乙醇气相流速为 50～60 mL/min 时，合成液中三乙氧基硅烷的选择性大于 98%。在达到同样产物选择性的条件下，使用纳米氢氧化铜作催化剂时乙醇流速范围相对窄一些（纳米氧化铜作催化剂时，乙醇流速 40～75 mL/min），但乙醇气相流速在 400 mL/min 以内时，产物中三烷氧基硅烷的选择性大于 90%，总的操作范围与使用纳米氧化铜作催化剂时相当。

表 2-14　乙醇流速对产物选择性的影响

乙醇流速/(mL/min)	选择性/%
30	63.0
40	93.0
50	98.0
60	98.5
75	97.5
100	96.0
130	95.0
300	92.5
400	91.0

5. 溶剂对产物选择性的影响

选取几种溶剂进行了实验，结果表明国产导热油 YD-325 对产物的选择性最好，具体见表 2-15。从表中可以看出，纳米氢氧化铜催化剂与纳米氧化铜催化剂对溶剂的敏感性基本上相当[18]。

表 2-15　不同溶剂对产物选择性的影响

溶剂	选择性/%
L-QSD320	60.2
YD-325	98.9
THERMINOL 59	97.3
YD-320	91.0

参 考 文 献

[1] 胡文斌. 非卤纳米铜系催化剂合成三乙氧基硅烷及乙烯基环体工艺研究[D]. 广州: 华南理

工大学, 2004.

[2] 方鹏飞, 黄驰, 龚淑玲, 等.聚硅氧烷负载富勒烯铂配合物的合成及其催化性能[J]. 分子催化, 2002, 16(2): 147-149.

[3] 周文, 董建华, 丘坤元. 3-氨丙基三乙氧基硅烷对溶胶–凝胶法苯乙烯–顺丁烯二酸酐共聚物/SiO_2杂化材料的制备与性能的影响[J]. 高分子学报, 1998, 7: 730-735.

[4] Nakanishi K, Minakuchi H, Soga N. Double pore silica gel monolith applied to liquid chromatography[J]. Journal of Sol-Gel Science and Technology, 1997, 8: 547-552.

[5] Suratwal T, Davidson K, Davidson Z, et al. Macroporous silicate films by dip-coating[J]. Journal of Sol-Gel Science and Technology, 1998, 13: 553-558.

[6] 肖超渤, 毛璞, 林颐庚. 聚-γ-N(β-丁硫基乙基)胺丙基硅氧烷铂络合物的合成及其催化性能的研究[J]. 分子催化, 1997, 11(2): 133-137.

[7] 幸松民, 王一路. 有机硅合成工艺及产品应用[M]. 北京: 化学工业出版社, 2000, 139-145.

[8] Nakamura M. Method for refining alkoxysilane composition[P]. JP200364085, 2003, March, 5.

[9] Kuriyagawa M, Kumada M, Ohana S, et al. Process of preparing alkoxydisilane[P]. US2881197, 1959, April, 7.

[10] Philip D G, Arthur E N, Schenectady N Y. Cleavage of silicon-to-silicon and siloxane linkage[P]. US2837552, 1958, June, 3.

[11] Rochow E G. Methyl silicate from silicon and methanol[J]. Journal of the American Chemical Society, 1948, (70): 2170-2171.

[12] Ritscher J S, Childress T E. Trimethoxysilane preparation via the methanol-silicon reaction using a continuous process and multiple reactors[P]. US5084590, 1992, January, 28.

[13] 孙宇. 直接法合成甲基二氯硅烷新工艺研究[J] . 有机硅材料及应用, 1995, (1): 18-22.

[14] 邹家禹. 用于甲基氯硅烷合成的铜催化剂的制备及评价[J]. 有机硅材料及应用, 1996, (4): 1-5.

[15] 胡文斌, 李凤仪. 用 CuCl 直接合成三乙氧基硅烷的研究[J]. 分子催化, 2004, 18(1): 224-229.

[16] Nicolaas P M. Process for producing silanes[P]. US3072700, 1963, January, 8.

[17] Mendicino F D, Frank D, Childress T E. Surface-active additives in the direct synthesis of trialkoxysilanes[P]. US5783720, 1998, July, 21.

[18] Newton W E, Rochow E G. The direct synthesis of organic derivatives of silicon using nonhalogenated organic compounds[J]. Inorganic Chemistry, 1970, 9(5): 1071-1075.

第3章　硅藻土负载铂催化剂的制备及其在硅氢加成反应中的应用

3.1　硅藻土的结构与性质[1]

硅藻土是古代单细胞低等植物硅藻遗体堆积后，经过一定的地质条件下成岩作用而形成的一种具有多孔性的生物沉积岩。其主要矿物成分是蛋白石及其变种，化学成分主要是 SiO_2，并含有少量的 Al_2O_3、Fe_2O_3、CaO、Na_2O、MgO 和有机质等杂质。这些杂质夹杂在硅藻壳间，填充于硅藻壳的孔隙中，或附着于壳表面。硅藻体形微小，一般为几微米到几十微米。硅藻土的颜色为白色、灰白色、灰色和浅灰褐色等。硅藻壁壳上有多级、大量、有序排列的微孔结构，使得硅藻土具有许多优异的特殊性能。其质量轻，我国硅藻土密度在 1.9～2.3 g/cm^3，堆密度在 0.34～0.65 g/cm^3，比表面积大，一般为 19～65 cm^2/g，孔隙率高，孔半径范围为 50～800 nm，孔体积为 0.45～0.98 cm^3/g，吸附液体能力强，一般可吸收自身质量 1.5～4 倍的水量和 1.1～1.5 倍的油分；化学稳定性高，不溶于盐酸，易溶于碱；熔点高达 1400～1650 ℃，具有相对不可压缩性、质软、隔音、耐磨耐热等诸多优异性能。

3.2　硅藻土的提纯方式[1-5]

硅藻土按照二氧化硅的含量一般分为一级土、二级土和三级土。我国硅藻土储量虽然丰富，但是优质硅藻土矿床较少，除吉林长白临江硅藻土矿床外，大多数矿床为二级、三级硅藻土，SiO_2 含量较低，必须经提纯处理后，才能用于制备助滤剂等对原料质量要求较高的产品。因此，提纯是硅藻土深加工的第一步，也是 21 世纪矿物工程面临的主要挑战之一。天然产出的硅藻土矿通常是多种非金属矿物的集合体。除硅藻壳体外，还含有黏土矿物、石英、长石以及有机质等其他成分。这些成分与硅藻壳体相互夹杂、包裹，使硅藻土的提纯难度增加。正因为如此，提纯技术水平的提高对硅藻土在高附加值领域的应用显得格外重要，相关工作的开展对理论与实际应用都具有重要意义。硅藻土的提纯可根据硅藻土的等级和要求，采用不同的处理方法，如擦洗法、酸浸法、焙烧法等任意一种，为了提高提纯效果，常常几种提纯方法综合使用。经过提纯后的硅藻土 SiO_2 含量可显著提高，孔隙结构合理，能明显提高应用效果。

1. 擦洗法

通过擦洗将原料颗粒打细，尽量使固结在硅藻壳上的黏土等矿物杂质脱离，为分离提纯创造条件，然后根据各矿物性质和颗粒范围的不同进行分离，其中石英泥、含铁矿物、砂的颗粒大，因沉降快可先分出，而硅藻土粒子在料浆中沉降速度比蒙脱石粒子要快很多，把以蒙脱石为主的悬浮液分出，就可获得以硅藻土为主的硅藻精土。

在擦洗法中，由于硅藻土易与黏土形成等降群，较难通过沉降法对二者进行高效分离，通常需多次沉降才能去除黏土矿物，回收率低。同时硅藻土与黏土矿物彼此黏附，后者还往往充填于壳体的孔隙中，两者难以在悬浊液中得到充分分散，故容易产生干扰沉降，导致分离效率低，因此提高其效率是非常重要的。目前解决办法通常用强力搅拌擦洗方法，尽管如此仍难使黏附于硅藻壳体上的细粒黏土矿物彻底脱落，同时由于强力搅拌会破坏硅藻体的结构，使产品用途受到限制。沉降法是一种纯物理提纯方法，对环境不造成任何污染，是硅藻土实际提纯工艺中最常见的流程。

2. 酸浸法[1]

酸浸法是先去除硅藻土中的砂砾杂质，在搅拌的条件下按适当的比例加入硫酸或盐酸并煮沸一定时间，使硅藻土中一些黏土矿物杂质与酸作用生成可溶性盐类，经过滤、洗涤、干燥，即可得到较高品位的硅藻精土。一般说来，工业上采用价格低廉的硫酸作为硅藻土提纯用酸。通过控制酸浓度、反应温度、处理时间等手段达到预期的提纯目的。

酸处理工艺简单，回收率高，能制备出纯度较高的硅藻精土。但是，此工艺采用高温、浓酸处理，酸用量大，成本高；生产过程中设备遭受的腐蚀严重；酸溶黏土矿物所产生的无定形二氧化硅并不具备壳体的多孔结构，对硅藻土的许多功能性应用而言非常不利；酸废液污染环境，排放前必须经过严格的处理程序。这些缺点在很大程度上影响了该法的应用前景。

3. 焙烧法[1]

焙烧法对高效矢量型硅藻土十分有效。通过 600～800℃ 煅烧，SiO_2 含量可显著提高，同时孔径增大，表面酸强度增加。硅藻土的比表面积随焙烧温度的提高而增大。谷晋川[3,4]以硅藻土矿为研究对象，研究微波对硅藻土矿酸浸提纯反应的影响规律，在微波场中矿粒发生转动和取向极化，产生裂纹，微细孔洞增多，比表面积增大，从而有利于反应的进行。王利剑等[6]采用焙烧和酸浸法对吉林临江硅藻土进行提纯处理，通过扫描电子显微镜（SEM）和 X 射线光电子能谱（XPS）测试手段对提纯前后硅藻土进行表征，发现提纯后硅藻土的 SiO_2 含量由原来的 80.39%提高到 90.31%，所有杂质量明显降低，比表面积明显增大，吸附性能显著提高。

4. 其他提纯方法

除了上述常用的硅藻土提纯方法外，国内外已经开展了多种硅藻土提纯方法的研究。石道民等[7]采用选择性絮凝–磁重选–煅烧分离工艺对米易含有机质的硅藻土进行提纯处理，使 SiO_2 含量由原土的 68.78%提高到 86.72%，可用作食品助滤剂原料。艾显盛采用物理–化学联合的提纯方法，对赤峰地区的中硅、低铁高烧矢量型硅藻土（SiO_2 含量为 74.9%）进行提纯处理，制得了含 SiO_2 93.82%、Al_2O_3 1.96%、Fe_2O_3 0.22% 的优质硅藻精土。

3.3　硅藻土的应用

1. 作为助滤剂[8]

生产助滤剂为硅藻土的主要应用之一，且其品种最多、用途最广、用量最大。助滤剂是以优质硅藻土为基本原料的粉状产品，用于提高工业生产中过滤的速度及滤液的澄清度。硅藻土具有除菌、除杂质、除异味的功能，使产品性能稳定、适应性好，已在啤酒、制药等行业中得到了广泛的应用，是著名的啤酒助滤剂。

对发酵后的啤酒使用硅藻土，不但可去除酵母菌，还可以吸附降解絮凝质、蛋白质以及部分细菌等。使用硅藻土处理白酒的基酒，可消除白酒中的异味、怪味以及某些缺陷，使其具有良好的口感和色泽。同时，还可以用来去除葡萄糖浆在糖化过程中产生的副产物，包括老化的淀粉、纤维素、低糖物质、蛋白质及糖化酶残余物等。另外，在比较硅藻土过滤技术与食醋除菌和加热灭菌效果的过程中，实验表明，使用硅藻土过滤后的除菌率达 96.4%，并且保证了食醋的澄清度，保证久贮不返浑，避免了加热产生的焦糊味而影响口感。硅藻土也已成功应用于鸡骨草凉茶、夏枯草凉茶、菊花蜜植物饮料以及花旗参蜜凉茶清汁型饮料的过滤中，可得到澄清、有光泽的滤液，且饮料经长时间放置后未产生明显沉淀。目前，助滤剂相关产品已系列化，可适用于不同流程及不同清澈要求的过滤[8,9]。

2. 作为功能性填料[8]

功能性填料，即利用硅藻土无毒、无害且在液体中沉降慢等特性将其填入其他材料或产品中，以提高产品强度、耐酸性、耐磨性及稳定性等综合性能的材料。目前，硅藻土在世界各国用作功能性填料的年耗量仅次于助滤剂，约占世界总产量的20%。

以硅藻土作为填料的材料有：橡胶填料、塑料填料、造纸填料、涂料填料、擦片填料、精密铸件涂料填料以及微孔陶瓷膜管填料等，例如，涂有改性硅藻土/壳聚糖–胍盐微球涂料的抗菌纸同时含有针对大肠杆菌和金黄色葡萄球菌的两种抗菌剂，非常适合用于医疗等领域。此外，还可利用硅藻土的不同特点，将其用作抛光剂、重金属吸附剂、制取白炭黑的原料以及应用于高精产品的生产中，如制作微孔陶瓷、通过非原位法合成分子筛、作为牙科全瓷修复材料以及作为培养基制取碳纳米管等。

3. 作为污水处理剂[1,8,10-12]

水是人类生活以及生产中不可缺少的重要自然资源。然而，随着工业生产的发展，大量有毒有害的物质污染了水资源，硅藻土由于其化学性质稳定、吸附能力强、过滤性能良好、不溶于任何强酸，在废水处理中得到了广泛的应用。利用硅藻土絮凝沉淀法对垃圾渗滤液进行预处理，可以初步去除渗滤液中的COD_{Cr}、BOD_5、SS 等污染物质，从而改善其可生化性、降低负荷，为后续生化处理正常运行创造良好的条件[1]。

若将硅藻土进行焙烧、复配或改性后再用于废水处理，则可以大大提高其净化效率。例如，硅藻土在水溶液中电离后表面会形成负电性，可以对带正电的胶态污染物进行有效吸附。但对于大部分带负电的生活及工业废水，需先对硅藻土进行焙烧、酸洗等预处理，加入阳离子混凝剂制成复合体结构，当带正电荷的高分子物质或高聚合离子吸附了带负电荷的胶体粒子后，产生电中和作用，导致胶体电位降低，此时高分子与胶体之间存在共价键、氢键等，故胶体粒子可吸附更多聚合粒子，从而实现对正负电荷胶体颗粒的脱稳，大大提高污水处理效果[10-12]。

4. 作为催化剂载体[1,8,13-22]

硅藻土因其比表面积大、孔隙率高以及耐酸、耐热、耐磨等特性使其成为理想的催化剂载体。其主要应用于氢化、脱氢、氧化、还原等化工反应中，如氢化反应中的镍催化剂载体、硫酸生产中的钒催化剂载体及石油工业中的磷酸催化剂载体等。另外，还可以浸渍硅藻土为多相催化剂，利用废植物油催化合成生物柴油；以硅藻土改性载体，可提高生物膜活性和稳定性，加速移动床生物膜反应器内反应；负载铂系金属或稀土金属的硅藻土，可处理汽车尾气等。为避免硅藻土催化性能受影响，要求原料比表面积不小于 20 m^2/g，同时除去对催化剂强度和热稳定性影响大的杂质以及引起催化中毒的成分。除此以外，硅藻土表面的酸性和羟基结构对其本身的催化性能亦有影响。在催化剂载体方面，硅藻土的应用仍十分局限。随着今后石油化工业的发展，其在水合、气化等反应中的使用将会逐渐增多。

5. 作为建筑材料

以硅藻土为原料的烧结砖，因其具有密度小、强度高、保温、隔音、隔热等性能而备受青睐。硅藻土的渗入量每增加 10%，密度降低 102.3 kg/m^3，抗压强度降低 1.185 MPa，吸水率提高 4.235%，显气孔率提高 2.52%，240 mm×115 mm×53 mm 的实心硅藻土轻质烧结砖每块质量降低 0.148 kg，建造高层建筑时可以根据需要调整配料比例来改变砖的密度和强度。硅藻土既是制备轻质保温板、硅酸钙保温材料、硅藻土质隔热砖、硅藻土质不定形隔热材料、保温管的优良原料，也是防水防渗的原料之一[13]。

硅藻土除了具有不燃、隔音、防水、质量轻以及隔热等特点外，还有除湿、除臭、净化室内空气等环保作用。硅藻土本身孔隙率在 90% 以上，可吸收自身质量 1.5～4 倍的水，在空气湿度大条件下吸收水分，在湿度降低的时候放出湿气，调节环境湿度。硅藻土还可以去除空气中游离甲醛、苯系物、氨等有害气体，净化空气，改善居室环境[1]。

6. 作为杀虫剂和土壤改良剂

硅藻土本身具有很强的吸水和吸油能力，可使害虫的蜡层和护蜡层遭到损坏甚至能使其表皮层丧失，从而使其失去保护体内水分的功能，当其体重减 28%～35%时，即死亡。另外硅藻土粉末每一细颗粒都带有非常锐利的边缘，可刺伤害虫体表，引起害虫生理机能出现紊乱，从而起到杀虫的作用[1,8]。

土壤改良剂为不定形活性硅藻土粒，是植物所需肥料、水分的良好载体，可储存超过 150%的水。在干燥环境中，慢慢释放其吸收的水分，并能根据土壤湿度，有效调节水的吸收和释放功能，兼有保湿、透气、干燥的功能，对植物根部生长与水土保持有很大作用。其常应用于园林园艺、树移植、高尔夫草坪、屋顶绿化等[1]。

7. 作为沥青的改性剂

硅藻土所具有的体轻、质软、多孔、耐酸、化学性质稳定的特点，可大大改善沥青混合料的性能。与基质沥青相比，硅藻土改性沥青的温度稳定性有明显提高，其加入对低温性能是有利的。硅藻土所含有的 SiO_2 成分及其表面的空隙结构使其具有较好的附着力和附着强度，加入到沥青中，可大大提高沥青的防滑性和耐磨性，并且增加其防腐蚀性和耐酸碱性，同时本身的硬度也将大幅度提高，并极大地提高沥青路面的抗老化和抗疲劳性能[1,8,14]。

3.4 硅藻土负载铂催化剂的制备与结构表征[23,24]

3.4.1 制备方法

取硅油 5 g 于三口烧瓶中，在超声波环境中，加入 50 g 丙酮，溶解后，再加入 10 g 6201 担体，回流 24 h，置入烧杯中，在真空干燥箱内脱去溶剂，制成高分子配体。

取配体 5 g、2.5%氯铂酸 5 g、25 mL 乙醇于 70℃、N_2 保护下回流 2 h，后真空干燥，制得硅藻土负载铂催化剂，记为 Pt/硅藻土。

3.4.2 红外光谱分析

图 3-1 为硅藻土和 Pt/硅藻土催化剂的红外光谱图。从图中可以看出，催化剂在 802 cm^{-1} 和 1083 cm^{-1} 出现较强的吸收峰，这是载体硅藻土上的 Si—O—Si 键的非对称伸缩振动峰；对比曲线 A 和 B，曲线 B 在 966 cm^{-1} 处出现了一个特征吸收峰，表明 Pt 与 Si—O 键形成 Si—O—Pt 键，证明 Pt 已负载于硅藻土。

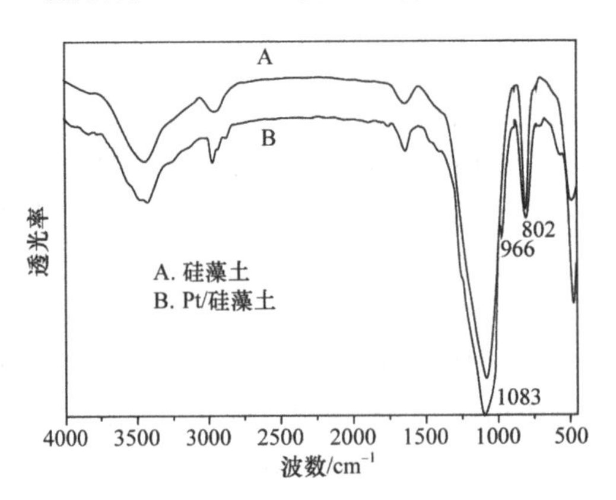

图 3-1　硅藻土和 Pt/硅藻土催化剂的红外光谱

3.4.3　紫外–可见光分析

图 3-2 为硅藻土和 Pt/硅藻土催化剂的紫外–可见光（UV-Vis）谱图。一般情况下，单独的 Si—O 键在紫外–可见光（UV-Vis）谱图上无吸收峰。然而，Pt/硅藻土催化剂在 250 nm 处有较强的吸收峰，这是 Pt 的特征吸收峰，归因于 Pt 的空 d 轨道与 Si—O 键的硅氢四面体中氧的 2p 电子发生键合作用，表明 Pt 已负载于硅藻土上，这与红外光谱结果相吻合。

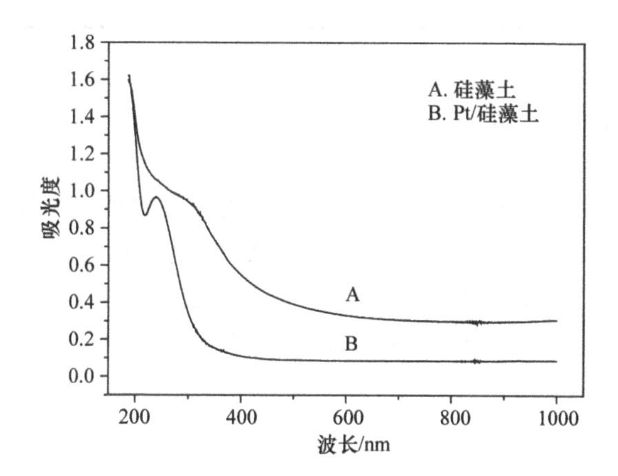

图 3-2　硅藻土和 Pt/硅藻土催化剂的紫外–可见光谱

3.4.4　氮气吸附–脱附分析

图 3-3 为硅藻土和 Pt/硅藻土催化剂的氮气吸附–脱附等温线以及相应的孔径分布图。从图 3-3（a）可以看出，硅藻土和 Pt/硅藻土催化剂的 N_2 吸附–脱附等温线为Ⅳ型，说明它们都为介孔材料。从图 3-3（b）和表 3-1 可知，负载 Pt 后，硅

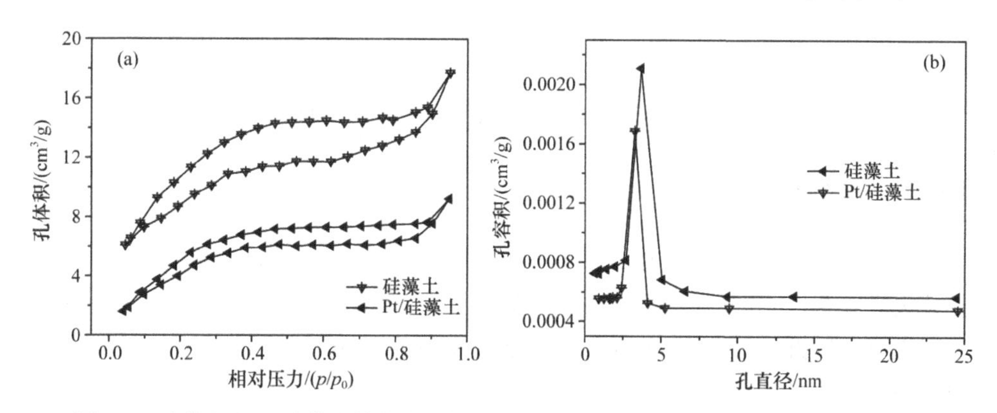

图 3-3　硅藻土和 Pt/硅藻土催化剂的氮气吸附–脱附等温线（a）和孔径分布图（b）

藻土的比表面积、孔容积和孔径发生了较大的下降，且孔径分布也相对较集中，可能是 Pt 进入到硅藻土的孔道后使孔道结构发生变化或者 Pt 堵塞了孔道，进一步表明 Pt 已负载于硅藻土上。

表 3-1　硅藻土和 Pt/硅藻土催化剂的物理性质

样品	比表面积/(m^2/g)	孔径/nm	孔容积/(cm^3/g)
硅藻土	36.95	3.49	0.121
Pt/硅藻土	16.14	3.18	0.073

3.4.5　X 射线衍射谱分析

图 3-4 为硅藻土和 Pt/硅藻土催化剂的 X 射线衍射谱（XRD），21.8°和 36.0°处为硅藻土的特征峰，在 21.8°处曲线 B 与 A 相比强度有明显的降低，这可能是由于其表面负载了 Pt 的缘故。然而，图中未见铂的衍射峰，可能是因为铂的负载量较低导致无法显示出铂的衍射峰或铂高度分散在硅藻土的孔道里。

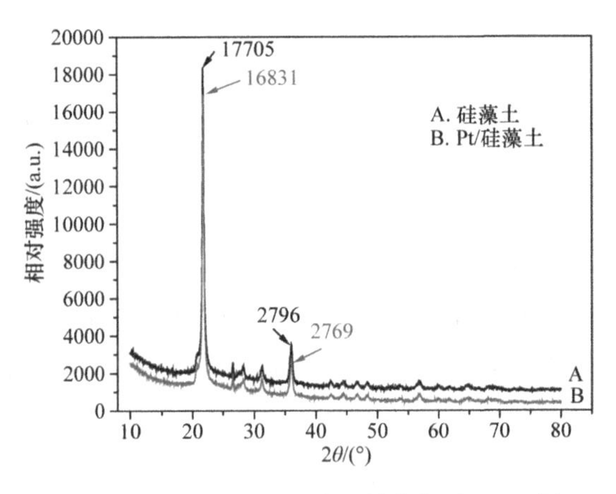

图 3-4　硅藻土和 Pt/硅藻土催化剂的 XRD 图

3.4.6　热重分析

图 3-5 为 Pt/硅藻土催化剂的热失重曲线图。由图 3-5 可知，催化剂在 210℃开始失重，失重区间主要在 210～595℃，而硅氢加成反应的温度在 20～50℃之间进行。因此，该催化剂的失重对整个反应的影响可忽略，显示出良好的热稳定性。

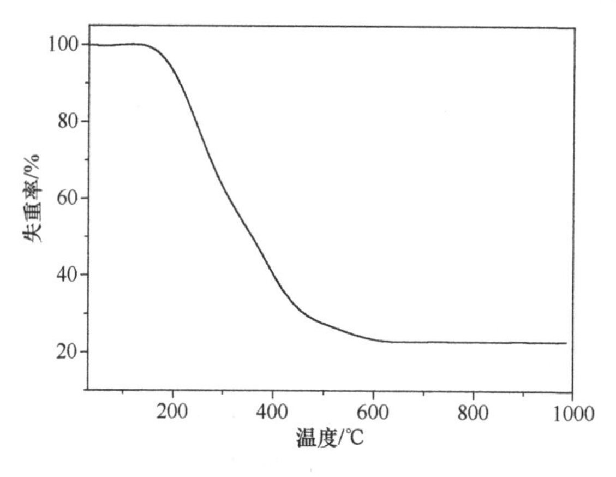

图 3-5　Pt/硅藻土催化剂的 TG 图

3.4.7　Pt 含量的测定

实验中，称取 0.3 g 催化剂溶解于装有王水的 100 mL 容量瓶中，采用电感耦合等离子体（ICP）测量催化剂中 Pt 的含量。表 3-2 为 0.3 g Pt/硅藻土催化剂中的铂含量，经过 3 次测试，取平均值为 8.09 ppm。

表 3-2　Pt/硅藻土催化剂中 Pt 元素的含量

波长/nm	214.4	265.9
催化剂中铂的含量/ppm	8.124	8.170
	8.082	8.096
	8.064	8.160
平均值	8.090	8.142

本方法从另一个侧面也证明了铂负载于硅藻土上。

3.5　硅藻土负载铂催化剂催化硅氢加成反应[23,24]

3.5.1　反应时间对转化率的影响

分别取 1.5 mL 辛烯、2.5 mL 甲基氢二氯硅烷（DCMS）于密闭磁力搅拌容器中，在 40℃条件下反应。其反应时间与辛烯转化率的关系如图 3-6 所示。由图可以看出，随着硅氢加成反应时间的延长，转化率呈现先增加后趋近平缓的趋势，当反应时间为 4 h 时，转化率为 86.1%，而反应时间大于 4 h，转化率增加幅度不高，因此，选择反应时间为 4 h。

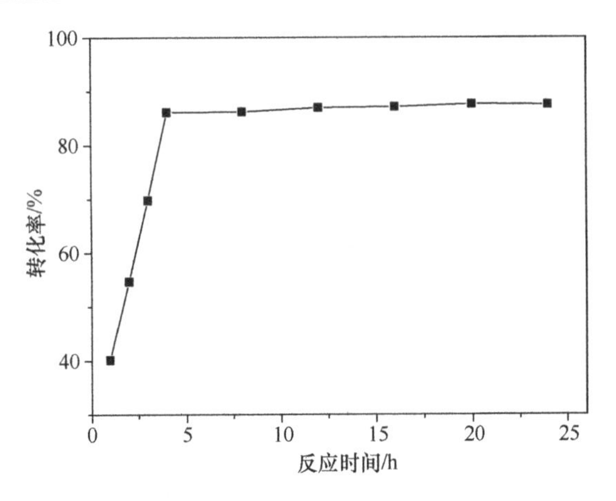

图 3-6 反应时间对辛烯转化率的影响

3.5.2 反应物摩尔比对转化率的影响

分别取不同摩尔比的 DCMS 与辛烯（C_8），在 40℃条件下反应 4 h，DCMS 与辛烯的摩尔比对辛烯转化率的影响见图 3-7。由图 3-7 可知，DCMS 量较少时，辛烯不能完全反应，所以辛烯的转化率较低。随着 DCMS 的增加，辛烯的转化率逐渐增加，但是 DCMS 过量后，辛烯的转化率则无明显变化。结果表明，当 n（DCMS）∶n（C_8）=5∶2 时，C_8 的转化率达到最大。故选择 DCMS 与辛烯比值为 5∶2。

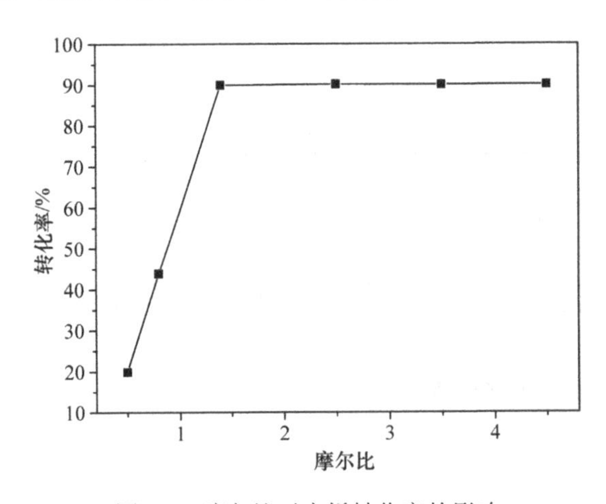

图 3-7 摩尔比对辛烯转化率的影响

3.5.3 催化剂用量对转化率的影响

取不同用量的催化剂，反应温度为 40℃、反应时间 4 h、配料比为 n(DCMS)∶

$n(C_8)$=5∶2，催化剂用量对辛烯转化率的影响如图 3-8 所示。由图 3-8 可见，随着催化剂用量的增加，辛烯的转化率先逐渐增加，最后趋于平衡；当催化剂用量由 0.05 g 增加至 0.15 g 时，辛烯的转化率增加了 12%。由于继续增加催化剂用量，对辛烯的转化率影响不大，故催化剂用量选择为 0.15 g。

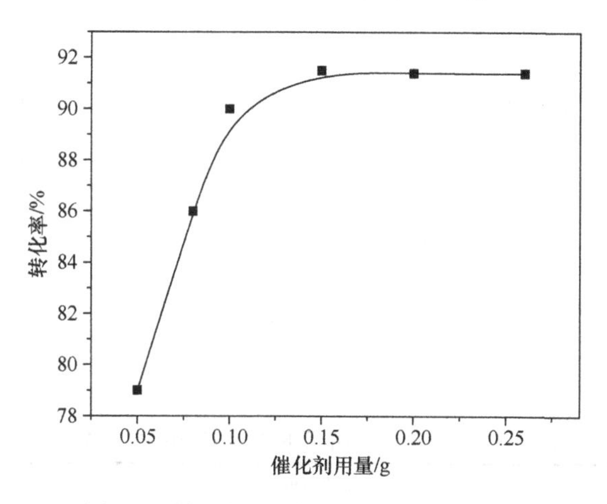

图 3-8　催化剂用量对辛烯转化率的影响

3.5.4　反应温度对转化率的影响

反应温度较低，催化剂的活化时间会延长，然而反应温度越高，反应速率越快。DCMS 的沸点为 40℃，分子间的运动加快，分子的活化程度较高，有效碰撞较高，故体系选择在 40℃下进行反应。

3.5.5　产物分析

利用气相色谱法对反应物和产物进行了分析，采用比较保留时间的方法来进行定性分析；同时，采用计算峰面积的方法确定体系中物质的质量比（见表 3-3）。

由图 3-9 和表 3-3 分析可知，样品中确实含有 DCMS 和 C_8，并且体系中产物的质量比高达到 69.3%。通过计算，辛烯的转化率约为 90%，选择性达到 95%，展示出很高的选择性。

3.5.6　催化剂稳定性评价

对催化剂的稳定性研究表明，产物无任何变化，说明 Pt 在硅藻土上的负载性很好，搅拌离心过程中无铂流失现象。表 3-4 为催化剂重复使用次数对转化率的影响，结果显示，催化剂重复使用 4 次，仍具有较好的转化率，高达 88%。

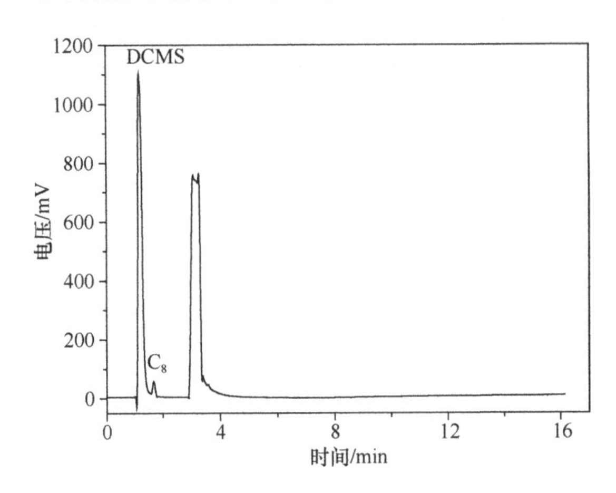

图 3-9　反应物和产物的气相色谱图

表 3-3　气相色谱图中反应物和产物的相关数据

样品	保留时间/min	峰面积/%
DCMS	1.150	25.3
C_8	1.644	3.8
产物	3.030	69.3

表 3-4　催化剂重复使用次数对转化率的影响

重复次数	转化率/%
1	90
2	90
3	90
4	88
5	75
6	70
7	68

注：n（DCMS）∶n（C_8）=5∶2，反应时间 4 h，反应温度 40℃。

参 考 文 献

[1] 姜玉芝，贾嵩阳. 硅藻土的国内外开发应用现状及进展[J]. 有色矿冶, 2011,(5): 31-37.

[2] 黄承彦. 中国硅藻土及其应用[M]. 北京：科学出版社, 1993: 1-14.

[3] 谷晋川，张允湘，刘亚川，等. 微波作用下硅藻土提纯研究[J]. 矿业工程，2004，5(24): 30-33.

[4] 谷晋川. 微波强化硅藻土矿提纯机理研究[D]. 成都: 四川大学, 2003.
[5] 张风军. 硅藻土加工与应用[M]. 北京: 化学工业出版社, 2006.
[6] 王利剑, 郑水林, 陈骏涛, 等. 硅藻土提纯及其吸附性能研究[J]. 非金属矿, 2006, 2(29): 3-5.
[7] 石道民, 张宗华. 米易硅藻土提纯研究[J]. 昆明工学院学报, 1994, 5(19): 121-128.
[8] 李国芬, 边疆, 王立国. 硅藻土改性沥青混合料水稳定性的试验研究[J]. 石油沥青, 2007, 1(21): 10-13.
[9] 金洋, 王春贺, 黄帮蕊, 等. 硅藻土的特点及其应用进展[J]. 硅酸盐通报, 2016, (3): 810-814.
[10] 郑水林, 孙志明, 胡志波, 等. 中国硅藻土资源及加工利用现状与发展趋势[J]. 地学前缘, 2014, (5): 274-280.
[11] 王宝民, 宋凯, 韩瑜. 硅藻土资源的综合利用研究[J]. 材料导报: 纳米与新材料专辑, 2012, 25(2): 468-469.
[12] 毕先钧, 江华, 樊明赟. 硅藻土对亚甲基蓝的吸附及在白酒处理中的应用[J]. 云南师范大学学报, 2006, 26(4): 56-59.
[13] 贾嵩阳.硅藻土素面砖的制备及性能研究[D]. 沈阳: 沈阳理工大学, 2012: 3.
[14] 李国芬, 边疆, 王立国. 硅藻土改性沥青混合料水稳定性的试验研究[J]. 石油沥青, 2007, 1(21): 10-13.
[15] 赵洪石, 何文, 罗守全, 等. 硅藻土应用及研究进展[J]. 山东轻工业学院学报: 自然科学版, 2007, 21(1): 80-82.
[16] 林新兴, 刘凯, 陈礼辉, 等. 改性硅藻土吸附壳聚糖–胍盐微球及其在抗菌纸中的应用[J]. 中国造纸学报, 2014, (1): 16-20.
[17] San O, Goren R, Ozgür C. Purification of diatomite powder by acid leaching for use in fabrication of porous ceramics[J]. International Journal of Mineral Processing, 2009, (1): 6-10.
[18] Duraia E-S M, Burkitbaev M, Mohamedbakr H, et al. Growth of carbon nanotubes on diatomite[J]. Vacuum, 2009, (4): 464-468.
[19] Khraisheh M A M, Alg-Houti M S. Enhanced dye adsorption by microemulsion-modified calcined diatomite (μE-CD)[J]. Journal of the International Adsorption Society, 2005, 11(5-6): 547-559.
[20] Ye X, Kang S, Wang H, et al. Modified natural diatomite and its enhanced immobilization of lead, copper and cadmium in simulated contaminated soils[J]. Journal of Hazardous Materials, 2015, 289: 210-218.
[21] Sepehrian H, Fasihi J, Khayatzade H, et al. Adsorption behavior studies of picric acid on mesoporous MCM-41[J]. Industrial and Engineering Chemistry Research, 2009, 48(14): 6772-6775.
[22] Xu J, Chen T, Shang J, et al. Facile preparation of SBA-15-supported carbon nitride materials for high-performance base catalysis[J]. Microporous and Mesoporous Materials, 2015, 211: 105-112.
[23] 谢慧琳, 胡文斌, 冯静芬, 等. Pt-硅藻土催化剂的制备及其催化硅氢加成反应的研究[J].南昌大学学报(理科版), 2016, 40(2): 166-170, 176.
[24] 冯静芬. 固体负载铂催化剂的制备及在硅氢加成反应中的应用研究[D]. 广州: 仲恺农业工程学院, 2011.

第4章　白炭黑负载铂催化剂的制备及其在硅氢加成反应中的应用

4.1　白炭黑的性质

白炭黑是微细粉末状或超细粒子状无水及含水二氧化硅或硅酸盐类的统称，主要是指沉淀二氧化硅、气相二氧化硅、超细二氧化硅凝胶和气凝胶。是一种白色、无毒、无定形微细粉状物，其 SiO_2 含量较大（大于 90%），原始粒径一般为 10～40 nm，因表面含有较多羟基，易吸水而成为聚集的细粒。白炭黑的密度为 2.319～2.653 g/cm^3，熔点为 1750 ℃。不溶于水和酸，溶于强碱和氢氟酸，具有多孔性，内表面积大、分散性高、质轻、化学稳定性好、耐高温、不燃烧、无毒无味以及电绝缘性好等优异特性。白炭黑表面分布着一层均匀的硅氧烷和硅烷醇基，这些基团具有很强的吸水性，硅烷醇基化学活性高，从而使白炭黑表面较容易被改性[1,2]。

4.2　白炭黑的制备方法

白炭黑生产工艺较多，基本上可分为气相法、沉淀法、醇水溶液法、超重力沉淀法和反相胶束微乳液法，其中以气相法和沉淀法最为成熟。

1. 气相法[1,3]

气相法生产白炭黑的方法主要为化学气相沉积（CAV）法。该工艺又称热解法、干法或燃烧法。其制备过程是将四氯化硅（或者甲基三氯硅烷）原料送至精馏塔精馏后，在蒸发器中加热蒸发，并以干燥、过滤后的空气为载体，送至合成水解炉。四氯化硅在高温下气化（火焰温度 1000～1800 ℃）后，与一定量的氢和氧（或空气）在 1800 ℃左右的高温下进行气相水解。此时生成的气相二氧化硅颗粒极细，与气体形成气溶胶，不易捕集，故使其先在聚集器中聚集成较大颗粒，然后经旋风分离器收集，再送入脱酸炉，用含氨空气吹洗气相二氧化硅至 pH 为 4～6 即为成品。产品的纯度、粒径、表面积与氢、氧的纯度和流量、原材料的配比、进料温度以及反应器的结构和精度有关。气相法生产的白炭黑粒子凝聚少，原生粒子的粒径为 7～20 nm，呈无定形态，表面有残留的硅羟基和硅氧基，有较强的极性，二氧化硅质量分数> 99.8%，比表面积> 300 cm^2/g，是纯度高、粒径小的高品质产品。

气相法的优点在于生产工艺比较简单，易控制反应条件，产品纯度可以高达 99.8%，比表面积大，活性高，表面羟基少，适合高纯白炭黑的合成；缺点是表面存在活性硅羟基，易吸附水以及制备工艺导致其表面出现酸区，使白炭黑呈亲水性，在有机相中难以浸润和分散；生产成本高，产品价格昂贵；应用范围小且产率较低。

2. *沉淀法*[1]

沉淀法又称为湿法，主要原料为石英砂、纯碱、工业盐酸、硫酸、硝酸或二氧化碳。生产流程主要包括沉淀、过滤、干燥和造粒等步骤。先采用燃油或优质煤在高温下将石英砂与纯碱反应制备得到工业水玻璃；将工业水玻璃用水配制成一定浓度的稀溶液，然后在一定条件下加入某种酸，生成水合二氧化硅沉淀后，根据成品要求，在辊筒压滤机或者板式压滤机中经过滤、洗涤，除去多余的水分和反应副产物，得到白炭黑滤饼；再经过干燥（通常为喷雾干燥） 得到成品。若进一步进行研磨或造粒处理，可得到一系列规格的产品。

沉淀法白炭黑生产技术，设备简单，分散剂以及原料易得，投资规模不大，因而是目前国内外工业上普遍采用的生产方法。传统沉淀法制得的白炭黑产品 SiO_2 质量分数在 90%左右，产品活性不高，亲和力差，补强性能低，颗粒表面亲水性基团键合严重，削弱了产品的结合力。二次结晶生产超级白炭黑是在沉淀法生产技术的前提下，进行二次晶种处理的改良技术。其产品特点是 SiO_2 质量分数在 94%以上，比表面积达到 269～320 m^2/g，粒径最大为 1000 目，最细可以达到纳米级。

3. *醇水溶液法*[4]

将四氟化硅气体通入不同浓度的乙醇与水的混合溶液中，陈化 4～5 h，过滤，洗涤至滤液 pH 值在 6～7 之间，将滤饼置于烘干箱中，在 150℃烘干 24 h，得到产品。混合溶剂中乙醇和水的摩尔比等于或高于 1∶3 时，四氟化硅气体通入其中后，主要生成 $Si(OH)_x(CHCHOH)_{(4-x)}$（$x \leqslant 3$），随着—OH 相对比例的减小，中间体聚合脱水与乙醇的反应速度减慢，由于 CH_3CH_2O—的体积远比—OH 大，吸附在二氧化硅粒子表面的 CH_3CH_2O—阻止了二氧化硅粒子的增长，可以制得纳米级二氧化硅。

4. 超重力沉淀法[4]

二氧化碳气体和压缩空气经计量后进入超重力反应器，与事先配制好絮凝剂、分散剂的硅酸钠水溶液反应。硅酸钠水溶液由泵驱动在反应器填料中循环，热水由循环泵驱动在恒温水浴和反应器夹套间循环，保持反应温度在预定范围内。反应过程中定时取样分析 pH。当 pH 不再随时间变化时，保温陈化。陈化后，抽滤、洗涤料浆产物，于 100～105℃下恒温干燥，研磨、过筛，制得白炭黑粉体样品。

相对于普通沉淀法而言，超重力沉淀法的优点是该反应过程有不同于常规碳化法的特征：①在超重力反应器中，反应料液以液滴、液丝及液膜的形式高速通过填料层，其表面更新很快，和逆流经过的气体发生很好的气液接触，二氧化碳吸收充分；②高速旋转填料的切削和撞击，使填料层中存在大量的小液滴甚至细雾，在适当反应温度下，液滴的汽化非常剧烈，很大程度上促进了硅酸的脱水，由于液滴微细，所以能得到超细白炭黑颗粒。

5. 反相胶束微乳液法[4]

该法是液相法制备白炭黑的一种，微乳液通常由表面活性剂、助表面活性剂、油、水组成，首先形成乳液，剂量小的溶剂被包裹在剂量大的溶剂中形成微泡，微泡表面由表面活性剂组成，尺寸大小为 5～100 nm。从微泡中生成固相，可以使成核生长、凝结和团聚等过程局限在一个微小的球形液滴内，从而形成球形颗粒，避免了颗粒之间进一步团聚。此法制备的纳米粒子粒径小、分散性好；实验装置简单、易操作。反应物为醇盐。当醇盐透过胶团界面膜进入水核中时，醇盐发生分解生成金属氧化物或复合氧化物，SiO_2、Al_2O_3、TiO_2 等均可用此种方法制得。

4.3　白炭黑的应用

1. 白炭黑在橡胶行业中的应用[4]

白炭黑能大幅提高胶料的物理性能、减少胶料滞后、降低轮胎的滚动阻力，同时不损失其抗湿滑性。在橡胶工业中，炭黑是很有效的补强剂，但其最大的缺点是不能用于制备彩色制品，气相法白炭黑的补强效果可以达到炭黑的水平，在高档彩色橡胶制品中，是最好的补强剂。在轮胎工业中，在胎面胶中添加白炭黑可以提高胎面的抗切割、抗撕裂性能，减少蹦花掉块。法国米其林公司曾全部用白炭黑作填料，制成高级轿车配套的绿色轮胎。白炭黑填充的胶料与普通炭黑填充的胶料比较，滚动阻力可降低 30%。在帘布胶中，可大大提高帘布与胶料的黏接性能。

2. 白炭黑在化学机械抛光中的应用[4]

化学机械抛光（CMP）技术是将化学抛光和机械抛光技术相结合，其抛光速度和抛光精度以及抛光产生的破坏深度等要素都比单一的化学抛光或机械抛光具有优势，并能根据需要对抛光要求进行适当的控制。目前，研发的重点是CMP技术的机理、装置和消耗品，如抛光垫、固定材料和浆料等，SiO_2CMP浆料在CMP浆料中占据重要位置，其种类及用量最多。利用机械法将纳米级白炭黑粒子在一定条件下分散于水中是制成SiO_2CMP浆料的主要方法，它能保证CMP浆料的高固含量（> 20%）和高纯度。目前，SiO_2CMP浆料已应用于集成电路、平面显示器、多晶片模组、微电机系统、传感器、检测器和光导摄像管等的表面加工。此外，在陶瓷、精密阀门、光学玻璃、磁头、机械磨具、金属材料表面加工领域也有所应用。

3. 白炭黑在塑料工业中的应用[4]

在塑料中添加白炭黑，可提高材料的强度、韧性，明显提高防水性和耐老化性。在工程塑料中，利用共混法将气相法白炭黑添加到不饱和聚酯中，当SiO_2的质量分数达到5%时，试样的耐磨性提高2倍，拉伸强度提高1倍以上，莫氏硬度为2.9，硬度接近大理石，冲击强度也大大提高。在环氧树脂中添加质量分数为3%的气相法白炭黑，材料的抗冲击强度提高40%，拉伸强度提高21%，若用硅烷偶联剂对气相法白炭黑进行改性后，冲击强度可以提高124%，拉伸强度提高30%。用纳米级白炭黑改性聚酰亚胺（PI），拉伸强度可提高1.5倍，断裂伸长率提高3倍。在通用塑料中，利用气相法白炭黑的高强度、高流动性和小尺寸效应，可提高塑料的致密性、光洁度和耐磨性能。若通过适当的表面改性，则可在增强塑料的同时，对塑料增韧。将气相法白炭黑添加到聚甲基丙烯酸甲酯（PMMA）中制成SiO_2/PMMA复合材料，缺口冲击强度提高80%以上，且光学性能良好。

4. 白炭黑在超细复合粒子方面的应用[4]

石墨对红外全波段具有较好的吸收特性、良好的导电性，在军事工业上广泛地用于隐身技术及石墨炸弹的研究。研究表明，石墨粒子吸附于絮状白炭黑的表面及凹陷处，可形成结合紧密的球形化复合粒子，复合过程不产生新的介质，子母粒子界面之间的作用力为范德瓦耳斯力和静电库仑力。超细石墨粒子与白炭黑复合，可提高粒子的分散性、比表面积与孔容，提高石墨气溶胶的悬浮稳定性。不仅如此，复合粒子的红外吸收特性增强，这为其红外隐身技术提供了条件。

5. 白炭黑在造纸行业的应用[4]

在造纸工业中，白炭黑能提高纸张的白度、使纸张质量轻化，适合高速印刷。添加白炭黑的纸张其耐磨、手感、不透明性和光泽等性能优于不加白炭黑的纸张。

6. 白炭黑在其他方面的应用[4-8]

在催化剂中，白炭黑可以作为载体，负载金属能力强；在油墨油漆和涂料中，添加白炭黑能使制剂色泽鲜艳、增加透明感、打印清晰、漆膜坚固；在农药工业中，白炭黑可作为防结块剂、分散剂，提高吸收和散布能力；此外，白炭黑在饲料工业、化学工业等领域中也有许多用途。

4.4 白炭黑负载铂催化剂的制备与结构表征

国外也有许多文献报道对白炭黑的改性研究，并广泛用于各领域[9-13]。

4.4.1 制备方法[14]

硅油 5 g，甲苯 50 g，超声波溶解后加入 HL-380（广州吉必盛科技实业公司）白炭黑 5 g，回流 24 h，蒸出大部分溶剂后置入烧杯中，在真空干燥箱内脱去剩余溶剂，得到 HL-380 型白炭黑配体。

取 HL-380 型白炭黑配体 5 g，2.5%氯铂酸 5 g，40 mL 无水乙醇，于 70℃ N_2 保护下回流 2 h，先停止加热再停止通入 N_2，自然冷却后真空干燥，最终得到白炭黑负载铂催化剂，记为 Pt/白炭黑。

4.4.2 红外光谱分析[14]

图 4-1 为 Pt/白炭黑的红外光谱图。在 803 cm^{-1}、1095 cm^{-1} 处均有吸收峰，该处对应于 Si—O—Si 键的非对称伸缩振动；本该在 950 cm^{-1} 附近存在一个吸收峰证明 Pt 与 Si—O 键形成 Si—O—Pt 键的，分析原因可能是被 Si—O—Si 键的吸收峰掩盖，所以图中未有明显显示。但是紫外–可见光和电感耦合等离子体两种实验证实 Pt 进入到了载体结构中。

4.4.3 紫外–可见光分析[14]

图 4-2 为 Pt/白炭黑的紫外–可见光分析图。紫外吸收分析时，白炭黑中纯的

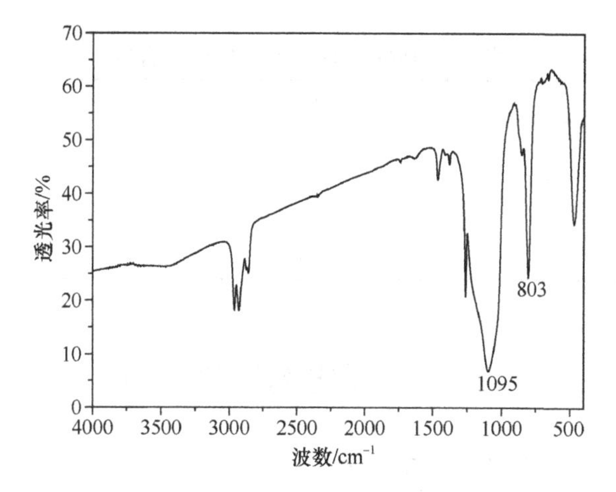

图 4-1　Pt/白炭黑的红外光谱图

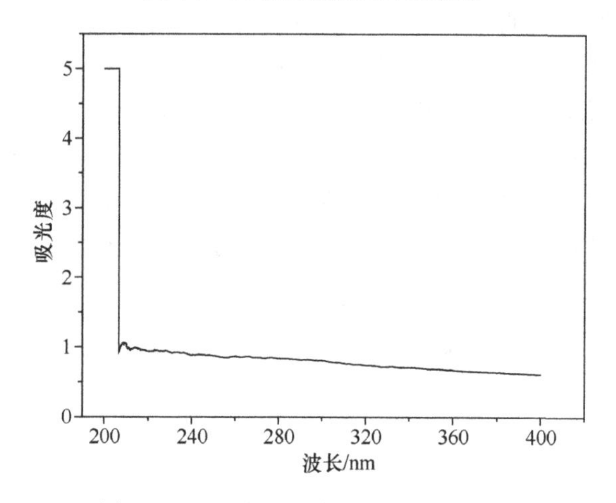

图 4-2　Pt/白炭黑的紫外–可见光分析图

Si—O—Si 键不起作用，所以在 UV-Vis 谱图上无吸收峰，图中显示固体在 200 nm 附近有较强的吸收峰，可归于 Pt 原子的空 d 轨道与 Si—O 键中的硅氢四面体中氧的 2p 电子键合作用，证实了 Pt 已负载在白炭黑上。

4.4.4　Pt 含量的测定[14]

实验中，称取 0.3 g 催化剂溶解于装有王水的 100 mL 容量瓶中，采用电感耦合等离子体（ICP）测量催化剂中 Pt 的含量。表 4-1 为 0.3 g Pt/白炭黑催化剂中的铂含量，经过 3 次测试，取平均值为 24.12 ppm。

表 4-1　Pt/白炭黑催化剂中 Pt 的含量

波长/nm	214.4	265.9
	23.94	24.69
催化剂中 Pt 的含量/ppm	24.26	24.87
	24.25	24.47
平均值/ppm	24.12	24.68

4.5　白炭黑负载铂催化剂催化硅氢加成反应[14]

4.5.1　反应物摩尔比对转化率的影响

分别取不同摩尔比的甲基二氯硅烷（DCMS）与辛烯（C_8），在 40℃条件下反应 4 h，DCMS 与辛烯的摩尔比对辛烯转化率的影响见图 4-3。由图可知，随着 DCMS 量的逐渐增加，辛烯的转化率在不断地提高，当 n（C_8）∶n（DCMS）= 1∶3 时，转化率最高，其原因可能为当 DCMS 较少时，辛烯不能完全反应，所以辛烯的转化率较低。随着 DCMS 的增加，辛烯的转化率逐渐增加，但是 DCMS 过量后，辛烯的转化率反而有所下降，这是因为烯烃过多产生副反应。

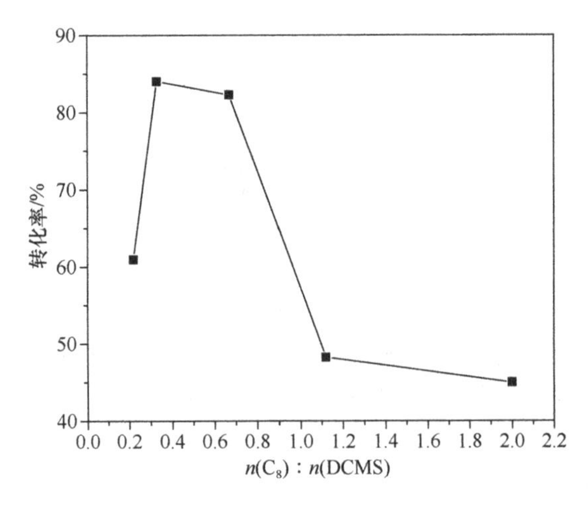

图 4-3　反应物摩尔比与转化率的关系

4.5.2　反应温度对转化率的影响

在配料比为 $n(C_8)$∶n(DCMS)=1∶3，不同温度下反应 4 h，其反应温度对辛烯转化率的影响如图 4-4 所示。实验发现，辛烯与甲基二氯硅烷的硅氢加成反应在不同温度下，其转化率有所不同，原因是因为该加成反应有一个诱导期，诱导期一旦结束，反应迅速进行，并伴随强放热过程。当在温度较低时，转化率较低，随着温度的升高，转化率呈上升趋势，但在较高温度下稍有所下降，原因可能是反应过程中反应物有所损失。

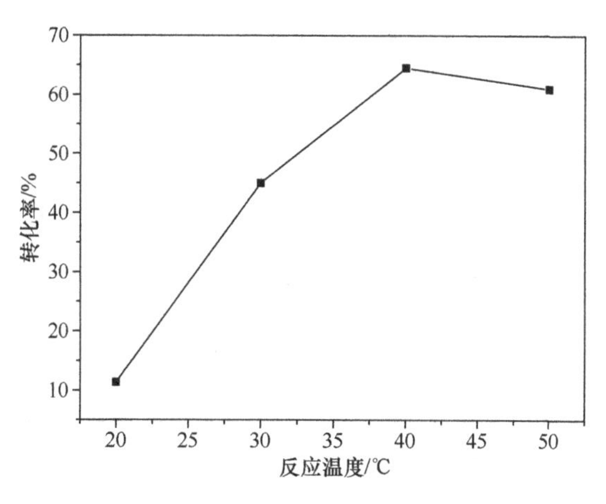

图 4-4　反应温度与转化率的关系

4.5.3　催化剂用量对转化率的影响

考察负载铂催化剂用量对转化率的影响，见图 4-5。条件设定为 $n(C_8)$∶n(DCMS)=1∶3，40℃的温度下在磁力搅拌密封反应器中进行反应，分别选择了不同的催化剂使用量，即 0.025 g、0.050 g、0.100 g、0.200 g、0.400 g。当催化剂用量为 0.025 g 时，产物的产率只有 50.35%，而当催化剂用量逐渐增加时，其转化率呈上升趋势，且反应速度会加快。推测其原因可能是随着催化剂使用量的增加，被还原的活性中心铂的量也会增加，从而增大了辛烯和甲基二氯硅烷相互作用的概率，反应速度加快。但当催化剂用量为 0.400 g 时，目标产物转化率无明显变化，且考虑到催化剂价格比较昂贵，易回收，减少损失对实验的影响，因此，反应过程中选择的催化剂的用量为 0.100 g。

4.5.4　反应时间对转化率的影响

本实验设定 $n(C_8)$∶n(DCMS)=1∶3，40℃的温度下在磁力搅拌密封反应器中进行反应，其反应时间与转化率的关系如图 4-6 所示 。从图 4-6 可以看出：随着反应时间的进行，反应 4 h 就已经得到较高的转化率，随着反应时间的延长，转化率并没有明显变化，但是当反应时间超过 12 h 后，其转化率迅速降低。分析其原因可能是合成的单体在长时间加热情况下逐渐发生了聚合反应。

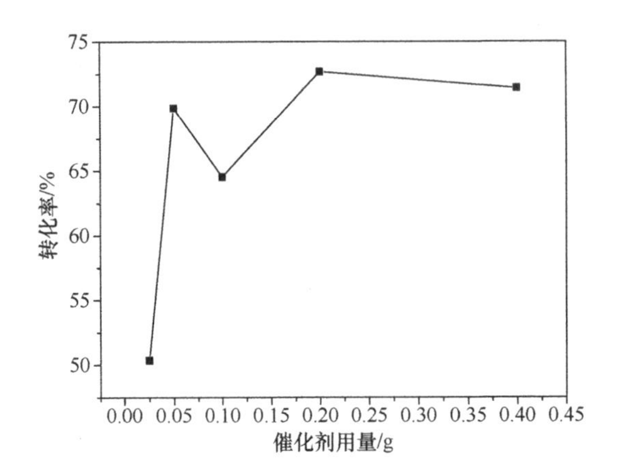

图 4-5　催化剂用量与转化率的关系

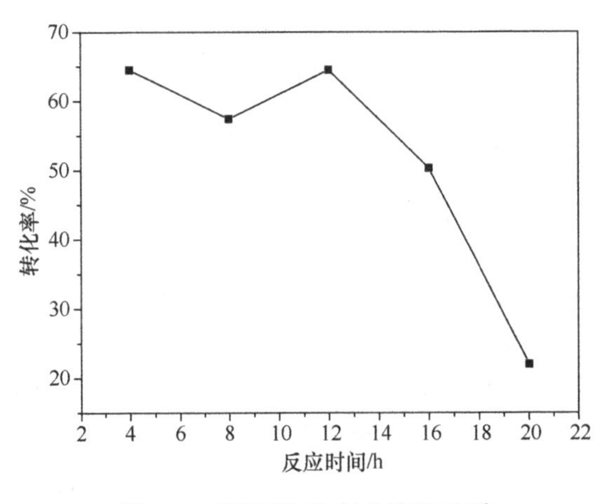

图 4-6　反应时间与转化率的关系

4.5.5　催化剂稳定性评价

用辛烯处理固体催化剂，搅拌 3 h 后，静置 48 h，将上层清液倒入一反应容器，并加入等物质的量的甲基二氯硅烷，搅拌反应 6 h 后分析反应结果，没有检测到反应产物；同样，用甲基二氯硅烷处理固体催化剂，搅拌 3 h 后静置 48 h，将上层清液倒入另一反应容器，并加入等物质的量的辛烯，搅拌反应 6 h 后分析反应结果，也没有检测到反应产物，说明催化剂没有发生铂流失或铂流失极少。

参 考 文 献

[1] 谭鑫, 钟宏. 白炭黑的制备研究进展[J]. 化工技术与开发, 2010, 39(7): 25-31.
[2] 肖长城. 白炭黑的制备、性质及应用[J]. 精细化工, 1986, (3): 27-32.
[3] 王宝君, 张培萍, 李书法, 等. 白炭黑的应用与制备方法[J]. 世界地质, 2006, (1): 100-104.
[4] 李玉芳, 伍小明. 白炭黑的生产及国内外发展前景[J]. 化学工业, 2012, (7): 25-37.
[5] 谈瑛, 侯清麟, 王吉清, 等. 白炭黑的制备与应用研究进展[J]. 广东化工, 2010, 37(12): 1-2, 9.
[6] 李远志, 罗光富, 杨昌英, 等. 利用磷肥厂副产四氟化硅进一步直接生产纳米二氧化硅[J]. 三峡大学学报, 2002, 24(5): 474-476.
[7] 周良玉, 尹荔松. 白炭黑的制备、表面改性及应用研究进展[J]. 材料学导报, 2003, 17(11): 56-59.
[8] 卢新宇, 仇普文. 气相法白炭黑的生产、应用及市场分析[J]. 氯碱工业, 2002, 4(4): 1-4.
[9] Gun'ko V M, Voronin E F, Zarko V I, et al. Interaction of poly(vinyl pyrrolidone) with fumed silica in dry and wet powders and aqueous suspensions[J]. Colloids and Surface, 2004, (233): 63-78.
[10] Turov V V, Gun'ko V M, Tsapko M D, et al. Influence of organic solvents on interfacial water at surfaces of silica gel and partially silylated fumed silica[J]. Applied Surface Scince, 2004, (229): 197-213.
[11] Juenger M C G, Ostertag C P. Alkali-silica reactivity of large silica fume-derived particles[J]. Cement and Concrete Research, 2004, (34): 1389-1402.
[12] Kayali O, Zhu B. Corrosion performance of medium-strength and silica fume high-strength reinforced concrete in a chloride solution[J]. Cement Concrete Composites, 2005, (27): 117-124.
[13] Demirbas A. A discussion of the paper "The effects of expanded perlite aggregate, silica fume and fly ash on the thermal conductivity of lightweight concrete"[J]. Cement and Concrete Research, 2004, (34): 725.
[14] 冯静芬. 固体负载铂催化剂的制备及在硅氢加成反应中的应用研究[D]. 广州: 仲恺农业工程学院, 2011.

第 5 章　铂催化剂催化合成非离子型聚醚改性三硅氧烷表面活性剂

5.1　有机硅表面活性剂简介[1-4]

有机硅表面活性剂是一类以疏水性的聚二甲基硅氧烷为主链，中间位或端位连接一个或多个有机极性基团的表面活性剂。根据硅氧烷与聚醚的化学结合方式，可将有机硅表面活性剂分为 Si-O-C 型和 Si-C 型，Si-O-C 型中 Si—O 键能高达 1014.2 kJ/mol，离子性为 50%，故硅氧烷具有相当好的热稳定性，但 Si—O 键自身极性很大，遇酸、碱和氧化物等易发生水解断键，析出疏水的硅氧烷链，属于水解型；Si-C 型中 Si—C 键能为 932.6 kJ/mol，离子性为 12%，具有相对较好的化学稳定性且易于合成，为非水解型。Si-O-C 型由于较易水解使其使用范围受到限制，Si-C 型有机硅表面活性剂则具有广阔的应用前景，是目前表面活性剂研发的主流。

有机硅表面活性剂主要是聚醚改性的硅氧烷或聚硅氧烷，其中硅氧烷或聚硅氧烷链为主链，Si—O—Si 链具有柔软性，既非亲水基，也非亲油基，因此可以用于常规烃型表面活性剂不能应用的非水介质中。另外，当浓度较低时，有机硅表面活性剂在溶液的表面排列很有规律，疏水的硅氧烷链的甲基紧密地排列在气液界面，亲水的聚醚链插入到水相中，降低了体系的自由能，改变了气液界面的状态，从而起到润湿或铺展、起泡或消泡和乳化或破乳等的作用；在达到临界胶束浓度后，气液界面的表面活性剂分子/离子达到饱和状态，过多的分子/离子则在溶液中形成有序的聚集体：亲水的聚醚链段朝外，疏水基朝内的球形、柱形、六方柱形、立方体形甚至是溶致液晶的胶束。由于 Si 原子上连接的是甲基，比常规烃型表面活性剂中的亚甲基的疏水性更强，所以有机硅表面活性剂降低表面张力的效果更好。

5.2　聚醚改性聚硅氧烷的结构种类及制备方法[5-7]

聚醚链段与硅氧烷链段之间的连接方式有两种，即通过 Si—O—C 键或 Si—C 键连接，前者不稳定，易被水解，被称为水解型；后者对水稳定，称为非水解型。目前，聚醚改性聚硅氧烷主要有以下 5 种类型。

（1）Si-O-C 类主链型：

$Me_3Si—O(Me_2SiO)_m(C_2H_4O)_a(C_3H_6O)_bR—$（R 为 H、烷基、酰氧基，下同）

（2）Si-O-C 类侧链型：

$$Me_3SiO(Me_2SiO)_m(MeSiO)_nSiMe_3$$
$$|$$
$$O(C_2H_4O)_a(C_3H_6O)_bR$$

（3）Si-C 类侧链型：

$$Me_3SiO(Me_2SiO)_m(MeSiO)_nSiMe_3$$
$$|$$
$$C_3H_6O(C_2H_4O)_a(C_3H_6O)_bR$$

（4）Si-C 类两端型：

$$R(OC_3H_6)_b(OC_2H_4)_aOH_6C_3(Me_2SiO)_nSiMe_2C_3H_6O(C_2H_4O)_a(C_3H_6O)_bR$$

（5）Si-C 类单端型：

$$R(OC_3H_6)_b(OC_2H_4)_aOH_6C_3(Me_2SiO)_nSiMe_3$$

其中，Si-C 类产品在市场中占据着主导地位。聚醚改性硅氧烷的制法主要有以下两种：

（1）缩合法制聚醚改性硅氧烷，即由含羟基的聚醚与含 SiOR、SiH 或 $SiNH_2$ 的硅氧烷通过缩合反应而得，反应式如下：

$$\equiv SiOEt+HO—PE \longrightarrow \equiv Si—O—PE+EtOH$$
$$\equiv SiOH+HO—PE \longrightarrow \equiv Si—O—PE+H_2$$
$$\equiv SiNH_2+HO—PE \longrightarrow \equiv Si—O—PE+NH_3$$

（PE 表示聚醚）

（2）氢硅化法制 Si-C 型聚醚改性硅氧烷，即由含氢硅油与含链烯基的聚醚通过铂催化加成反应制得，反应式如下：

$$\equiv SiH+CH_2{=}CHCH_2O—PE \xrightarrow{Pt} \equiv SiC_3H_6OPE$$
$$\equiv SiH+CH_2{=}CHCH_2O—PE \xrightarrow{Pt} \equiv SiC_3H_6OPE$$

5.3　有机硅表面活性剂的特性[1,8]

有机硅表面活性剂于 20 世纪 80 年代末开始商品化，由于其具有良好的润湿性、超级延展性、较强的黏附力、较高的气孔渗透率和较好的抗雨冲刷性，在短短的二三十年间得到飞速的发展。

1）良好的润湿性

有机硅表面活性剂比常规表面活性剂更能降低溶液的表面张力，甚至对于传统的表面活性剂对没有作用或有微弱作用的疏水性表面也有明显的润湿作用。表面活性剂的润湿能力很大程度上体现于液滴和基材表面之间的接触角，而接触角的大小与表面活性剂的结构、基材的化学特性和溶液在基材表面的平衡张力等有关。传统表面活性剂水溶液的表面张力一般在 30 mN/m 以上，而有机硅表面活性剂水溶液的表面张力大多在 20 mN/m 左右。水溶液表面张力的大小直接决定了水溶液在基材表面（尤其是疏水基材表面）的润湿能力、润湿速度；表面张力越小，水溶液润湿基材表面的速度越快，铺展的面积或润湿的面积也越大。

特别地，在植物的叶茎等表面有一层疏水性很强的蜡膜，这种蜡膜在保护自身的同时也给人工护理带来了很大的麻烦，造成喷洒的大部分农药和叶面肥流失到土壤中；另外，由于毛细孔效应，喷洒的农药无法进入到害虫藏匿的虫洞杀死害虫。传统的表面活性剂出现，改善了这一状况，但是由于它的自身缺陷还是不能使农药和叶面肥得到最大效率的利用，然而有机硅表面活性剂因其更低的表面张力和更好的润湿效果很快就取代了传统的表面活性剂。

2）超延展性

Policello 定义“超延展性”为：一滴溶液在疏水性表面（如植物叶茎表面）单位直径的延展面积至少是在同样情况下水的延展面积的九倍；并提出测量方法：将 10 μL 的表面活性剂溶液滴在聚乙醚薄膜上，30 s 后测量其铺展的直径。

Ananthapadmanabham 等和 Svitova 等都对有机硅表面活性剂的“超延展性”进行了研究。前者发现 MD′M[D′中 R═$(CH_2)_3O(EO)_8Me$]即聚醚链段中 EO 数等于 8 时的表面活性剂的铺展效果最好，且性能较氟系表面活性剂好；后者也发现三硅氧烷上连的聚醚的 EO 数存在一个最佳值使表面张力快速地降低，并且发现 EO=8 的聚醚改性三硅氧烷表面活性剂比 EO=5 的铺展系数大 1 个数量级。

3）气孔渗透率及抗雨冲刷性

一般来说，农药和叶面肥的吸收有两种方式：一是通过植物的表皮进行吸收，这种方式的速度比较慢，甚者需要数个小时才能达到最大渗透；另外一种则是通过气孔吸收，这种方式只有液体的表面张力小于植物表皮的 CWC（约 25 mN/m）时才能进行。有机硅表面活性剂作农用助剂时可以达到要求，所以能够促进药液经气孔渗透进入表皮，能够促进药液较快速地被吸收，因此降低了雨水冲刷的机会。

5.4　有机硅表面活性剂的应用

疏水性的硅氧烷主链具有稳定性、柔软性、电绝缘和抗老化等性能，亲水性的聚醚链段具有较低的表面自由能，可能使产品具有很好的表面活性，而聚醚改性聚硅氧烷综合了两者的优点，具备了更多的优点。此外，通过改变硅氧烷主链上引入的聚醚的种类、位置和数量，可以有效地调节聚醚改性聚硅氧烷的 HLB 值（表面活性剂的亲水亲油值），从而可以获得发泡、稳泡、消泡、乳化和润滑等不同性能的产品[1,9,10]。

1）农用助剂

由于有机硅表面活性剂能够降低溶液在固体表面的张力，并在农业方面进行了试验，结果表明，农用有机硅表面活性剂不但可以减少农药的用量，提高农药的药效，还可以减少大量的喷雾用水，减少农药对环境的污染。李雅珍等在防治小菜蛾的试验中，在茚虫威中加了 0.1%的 Silwet 系列的有机硅喷雾助剂，结果表明，喷药量不变时喷雾量可以减少到一半；而在喷药量减少一半的情况下，施药后 5 天对小菜蛾的防治效果还能达到 92.7%[11]。容仁学等[12]用 3%的啶虫脒做试验，使用的“丝润”和“功倍”等有机硅助剂用量为 1000～3000 倍液时，啶虫脒的药效最好，并且可以节约用水 50%～70%，减少啶虫脒 25%的用量。

2）化妆品助剂

有机硅表面活性剂的硅氧烷主链赋予了其柔软性，聚醚链段赋予了其润湿性和乳化性，具有增加和稳定泡沫、提高表面活性和光泽度、生理惰性好、抗静电、对皮肤无刺激、抑菌性好等性能，特别是作为润滑和保湿剂使用，能在皮肤和头发表面形成脂肪层保护膜，防止干燥，并且不影响皮肤呼吸和发汗，是极好的化妆品助剂[13]。Dietz 等[14]将合成的糖酰胺基、聚醚基的有机硅表面活性剂填加进化妆品中，并测试了它的 W/O 和 O/W 的乳化性，结果表明该产品乳化性良好，并且具有耐热、水解性，其良好的性能优于聚醚硅氧烷和糖酰胺基硅氧烷混合后性能。

3）织物整理剂和纸张柔软剂

有机硅表面活性剂是一类功能强大的表面活性剂，具有较多的优异性能，如柔软性、抗静电、生理惰性、润滑性和抑菌性等，可以用于纺织物后整理。有机硅表面活性剂用于织物的后整理过程，可以提高织物的弹性，加强柔软滑爽度，改善织物的易松垮和易皱折的缺点，并且提高吸湿透湿性和抗静电性等。

有机硅表面活性剂是物美价廉的产品，是纺织服装加工过程中相当重要的一类助剂[15]。

阳离子型季铵盐有机硅表面活性剂，能有效抑制酵母菌等真菌、白色念珠菌、革兰氏阳性菌和阴性菌等，并且抑菌时效长，同时还可以提高织物的洗涤次数。此类表面活性剂能够与织物纤维持久牢固地结合，不易洗脱，是一种非溶出型的抗菌有生理惰性的织物助剂，目前已广泛地用于各种衣物、床上用品和医用纺织品的后整理[16,17]。

4）匀泡剂

有机硅表面活性剂在塑料生产过程中，主要起乳化、稳泡、气泡成核作用，所以可以作为一种稳泡剂。例如，在生产聚氨酯泡沫塑料时，液体会先变成胶体后变成高聚物，其间会出现发泡、固结等现象，加入有机硅表面活性剂会降低气–液界面的表面张力，使泡孔不断形成，大小均一且分布均匀[18]。

5）消泡剂

嵌段型、侧基型和支链型的聚醚改性硅油均可作为自乳化型消泡剂，这类消泡剂不需要乳化剂及乳化加工，使用方便，效果甚好。但唯一要求是必须在高于其浊点温度条件下使用，在低于其浊点温度下使用时，消泡剂起不到消泡的作用，甚至会起到发泡剂的作用。李军伟等[19]以低含氢硅油和烯丙醇聚氧乙烯醚为原料，采用本体聚合法制备了 Si-C 型的消泡剂，产物透明，消泡时间短，抑泡性良好，可应用于不允许漂油的生产领域中。

6）锂离子电池电解质

聚合物链段的局部运动可以使聚合物具有导电性，又由于聚合物质量轻、体积小、易成膜、任意加工成形和安全性高等优点，目前已经成为全固态高能量密度锂电池中理想的电解质材料。Nieholas 等[20]在 $M(D'E_nOH)M$（n=2～7）中混入 LiBOB（双乙二酸硼酸锂）或 LiTFSI（双三氟甲烷磺酰亚胺锂）后，体系的电导率升高至 2×10^{-4}～6×10^{-4} S/cm，这是目前发现的电导率最大的液态高分子。另外，Si—O—Si 结构的引入可以降低体系的 T_g，防止链段的结晶，使链段的运动更自由，从而提高体系的电导率。

7）清洁剂

Churaev 等在研究三硅氧烷表面活性剂溶液的性能时发现，该溶液能够较好地清除憎水基表面上的油状物[21]。Tomarchi 等合成的聚烷氧基三硅氧烷表面活性剂能够较好地清洁家中常见的窗户、桌台、橱柜和盥洗池等的表面[22]。

5.5　非离子型聚醚改性三硅氧烷的性质与性能的关系

5.5.1　三硅氧烷表面活性剂几何结构对性能的影响

三硅氧烷表面活性剂因具有优于其他有机硅表面活性剂的润湿性和铺展性而成为有机硅表面活性剂中最重要的种类之一。三硅氧烷表面活性剂的几何结构以及其在界面的分布决定了它具有低于普通表面活性剂的表面张力。三硅氧烷表面活性剂的疏水链由 Si—O—Si 键组成，Si—O—Si 键的键角大，旋转位垒比 C—C 键低，这使得有机硅表面活性剂较传统表面活性剂具有更好的柔顺性。三硅氧烷表面活性剂的 Si—C 键较长，像一根伞柄，而丰富的甲基则像伞面。三硅氧烷表面活性剂即以“伞形”结构分布于界面。伞形结构的优点在于：① Si—C 键“伞柄”较长，与“伞面”上的甲基相距较远，有利于减少分子内的排斥而紧密地排列于界面；② “伞面”上的甲基能自由旋转，使每一个三硅氧烷表面活性剂分子所占的体积增大，降低了分子之间的作用力，使得三硅氧烷表面活性剂能更紧密地分布于界面，从而具有更好的表面活性。传统表面活性剂以连续多个亚甲基的结构疏松地分布于界面，其表面活性远比不上三硅氧烷表面活性剂。三硅氧烷表面活性剂与传统表面活性剂在界面上的分布情况如图 5-1 所示[23-26]。

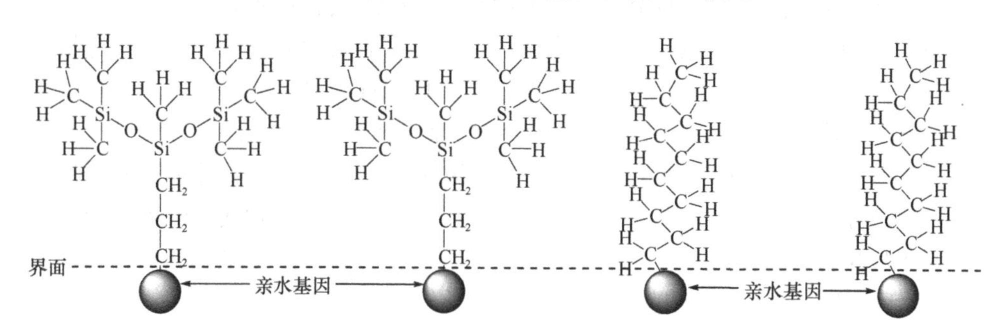

图 5-1　三硅氧烷表面活性剂和传统表面活性剂在界面上的分布

Ananthapadmanabhan 等[9]研究了不同种类表面活性剂的水溶液在聚乙烯薄膜上的扩散现象。研究发现，三硅氧烷表面活性剂水溶液的表面张力并非最低，但其扩散因子是含氟表面活性剂水溶液扩散因子的 4.3 倍。Ananthapadmanabhan 等还提出了三硅氧烷表面活性剂具有超级润湿性的四个主要原因：① 能显著降低气/液界面的表面张力；② 对低能表面具有很好的亲和性；③ 能快速地在气/液、固/液界面吸附达到平衡；④ 特殊的结构有利于分子向边缘扩散。为了进一步研究三硅氧烷表面活性剂的几何结构对其超级润湿性和扩散性能的影响，

Stoebe 等[27]对比了三硅氧烷表面活性剂和普通表面活性剂的水溶液在蜡膜上的扩散速率。实验结果表明：三硅氧烷类表面活性剂的扩散速率明显快于普通表面活性剂，说明具有三硅氧烷结构的表面活性剂的扩散性能优于普通结构的表面活性剂。

5.5.2 三硅氧烷表面活性剂的浓度对性能的影响

相同表面活性剂在不同浓度的情况下具有不同的吸附程度，从而具有不同的界面性能。Stoebe 等[27]研究了不同浓度的三硅氧烷表面活性剂在用有机硫化物处理过的亲水表面上的铺展情况。研究发现：当三硅氧表面活性剂的 EO 链节数为 4 时，扩散速率基本上随三硅氧烷表明活性剂的浓度增加而增加，而 EO 链段为 8 和 12 的三硅氧烷表面活性剂，随浓度的增加而增加，增加到一定浓度后扩散速率开始减小。这可能是由于浓度过高，三硅氧烷表面活性剂中聚醚链段过长，分子间的相互作用力增加，使得界面上三硅氧烷表面活性剂分子不能进行有效扩散，从而导致扩散速率下降。

5.5.3 三硅氧烷表面活性剂的聚集体形态对性能的影响

表面活性剂在界面上的聚集体形态对其界面性能具有重要的影响。研究发现，EO 链段为 12 的聚醚改性三硅氧烷表面活性剂没有表现出超级润湿性。经分析推测，研究者认为这可能是 EO=12 链段的三硅氧烷表面活性剂未能在界面上形成双重分子聚集体的缘故。Venzmer[28]认为不具有超级润湿性的表面活性剂分子在界面上的分布如图 5-2（a）所示，而能产生超级润湿性的表面活性剂分子在气/液界面上的分布如图 5-2（b）所示。在润湿和铺展的过程中，三相线边缘处的双分子层胶束沿着箭头的方向分裂后迅速向气/液、气/固界面扩散，促进表面活性剂不断地扩散和润湿，从而表现出超级润湿性。

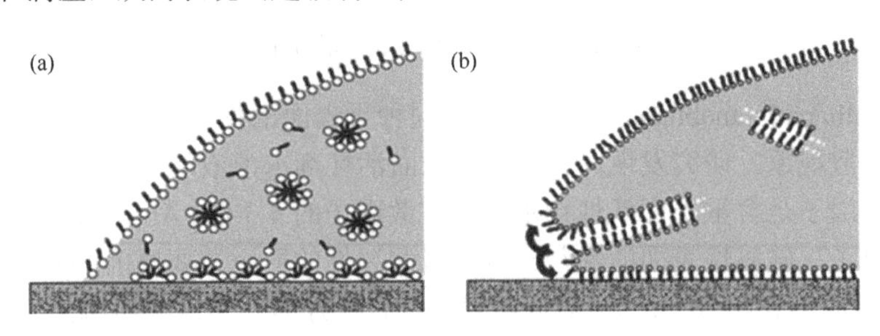

图 5-2 表面活性剂聚集体形态对超级润湿性的影响

5.5.4　内驱力对性能的影响

Marangoni 效应是指三硅氧烷表面活性剂的超级润湿性的内驱力是由润湿扩散过程中产生的表面张力梯度提供的。在润湿扩散的过程中，界面上表面张力的差异是表面活性剂的迁移和吸附导致的。由于低表面张力的液体（高浓度液体）处自发向高表面张力液体（低浓度液体）处流动，梯度越大，扩散越快。研究者还提出了自亲效应，自亲效应是指在润湿扩散的过程中，表面活性剂分子由液相本体吸附至三相线前的气/固界面的现象。自亲效应并不是孤立的理论，因为它的机理可用 Marangoni 效应解释。Kumar 等[29]的研究证实了表面活性剂分子是由液相本体吸附迁移到不断前移的三相线的气/固界面上。Starov 等提出了图 5-3 中的模型，并结合 Marangoni 效应解释了自亲效应的机理。Starov 等认为三相线附近气/固界面上的表面活性剂分子是由热波动效应从气/液界面扩散的。在图 5-3 的模型中，假设表面活性剂水溶液的液滴并未和强疏水性的基底表面接触，而只是表面活性剂的疏水端和基底表面接触。在图 5-3（a）中，圈出来的表面活性剂分子从气/液界面扩散到疏水性极强的表面上，表面活性剂的疏水端和疏水表面接触，亲水端和空气接触，这使得三相线附近的基底表面的亲水性增加，提高了润湿铺展的可能。同时，由于圈内表面活性剂分子扩散到疏水界面，圈内区域的表面张力增大，产生了 Marangoni 效应，促使表面活性剂从低表面张力的区域向高表面张力的区域扩散，使得 ab 区域表面活性剂的浓度趋向于附近表面活性剂的浓度。表面活性剂分子的不断迁移和扩散，使得表面活性剂在基底表面上出现超级润湿现象。

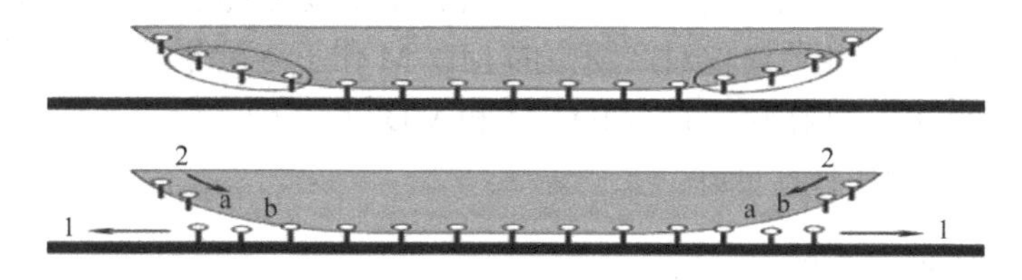

图 5-3　自亲效应模型

a. 表示从圈内出来的表面活性剂分子从气/液界面扩散到疏水性极强的表面上；b. 表示由于圈内区域出现表面张力增大，促使表面活性剂浓度高的区域向表面活性剂浓度低的区域扩散，即由 ab 区域的表面活性剂（即 2）趋向附近表面活性剂的浓度区域（即 1 的方向）

5.5.5　基底表面对性能的影响

相同表面活性剂溶液在不同基底材料的表面具有不同的润湿程度。研究者发现：EO 链节数为 6、8 的三硅氧烷表面活性剂在疏水性适中的基底表面上能完全润湿铺展，而在疏水性极强的特氟龙材料表面上只观察到部分润湿和铺展，这说明表面活性剂的润湿性、扩散性受基底材料表面性质的影响。Stoebe 等研究了基底材料的亲/疏水性对扩散速率的影响，研究结果表明：随着基底材料表面亲水性的增加，三硅氧烷表面活性剂水溶液在基底材料上的扩散速率加快，但亲水性增加到一定程度后，扩散速率则随基底表面亲水性的增加而降低，这说明基底材料的表面并不是越亲水越容易铺展。因此，三硅氧烷表面活性剂水溶液对基底的润湿和铺展需要基底表面的亲/疏水性达到一个适度的平衡。

5.6　七甲基三硅氧烷的合成与影响因素

5.6.1　合成方法与原理

合成原理是甲基氢环硅氧烷 $D^H{}_n$ 和 MM 在酸催化作用下进行重排反应。MD^HM 的合成路线如下：

$$\left(-\overset{CH_3}{\underset{H}{Si}}-O-\right)_n + CH_3-\overset{CH_3}{\underset{CH_3}{Si}}-O-\overset{CH_3}{\underset{CH_3}{Si}}-CH_3 \xrightarrow{\text{固体酸}} CH_3-\overset{CH_3}{\underset{CH_3}{Si}}-O-\overset{CH_3}{\underset{H}{Si}}-O-\overset{H_3C}{\underset{CH_3}{Si}}-CH_3$$

将一定比例的 MM、D^H 和固体酸催化剂加入装有搅拌器和热电偶的平行反应站的反应瓶中，设定好反应温度、时间和搅拌速率等所有反应参数，待反应结束用纱网过滤出固体酸催化剂，得到含有 1,1,1,3,5,5,5-七甲基三硅氧烷（MD^HM）的反应混合液。

反应产物里的成分经傅里叶红外光谱仪、质子核磁共振仪和气相色谱仪进行了定性分析，并用气相色谱仪对产物中的 MD^HM 作了定量分析，经检测得知主要生成物为 MD^HM，主要副产物为 $MD^H{}_2M$ 和 $MD^H{}_3M$，但其含量都低于 6%，说明此合成反应过程的选择性良好。

5.6.2　工艺条件的优化

1. 优化方法

试验设计工艺优化思路图如图 5-4 所示。

Plackett-Burman（PB）设计：本试验在前期所做单因素试验的基础上选用 N=12 的 Plackett-Burman 设计法，对影响 MD^HM 产率的 4 个因素的重要性进行考查，每个因素取高低两种水平，产物中中间体的百分含量为响应值，试验设计参见表 5-1，所得数据用 Minitab15 软件进行处理比较各因素的重要性。

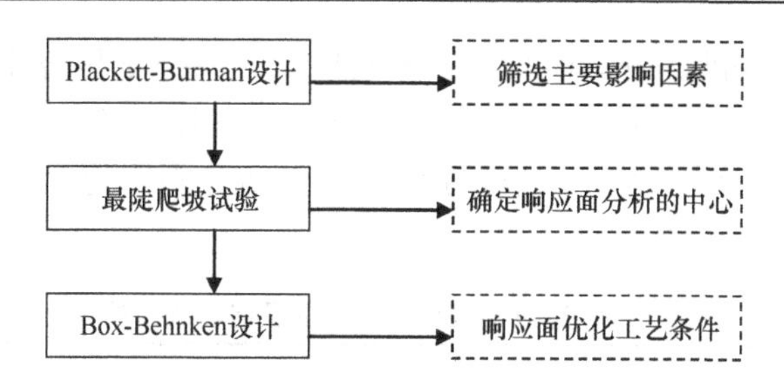

图 5-4　试验设计工艺优化思路图

表 5-1　Plackett-Burman 试验设计与结果

序号	物料比	催化剂用量	温度	时间	MD^HM 的含量/%
1	1	−1	1	−1	2.5989
2	−1	−1	−1	−1	1.2413
3	1	−1	1	1	2.8454
4	−1	1	1	−1	7.2024
5	−1	−1	1	1	6.4102
6	1	1	1	−1	4.1952
7	1	1	−1	1	0.7870
8	1	−1	−1	−1	0.2208
9	−1	1	1	1	8.1737
10	−1	1	−1	−1	1.7104
11	−1	−1	−1	1	1.4048
12	1	1	−1	1	0.7804

注：“1”、“−1”代表高、低两个水平；物料比是 m（D^H）：m（MM），下同。

最陡爬坡试验：根据 Plackett-Burman 试验结果，以各显著因素的正负效应确定最陡爬坡试验的路径（包括变化方向和变化步长），快速地逼近最大响应区域。而其他因素的取值则根据正效应因素均取较高值，负效应因素均取较低值的原则，确定下一步响应面分析的中心点。

Box-Behnken 设计：响应面分析试验方法根据 PB 试验设计和最陡爬坡试验结果，以最陡爬坡试验得出中心点，设计三因素三水平的优化试验。用 Minitab 软件设计 Box-Behnken 响应面试验并进行数据处理。

2. 影响因素的筛选

根据 Plackett-Burman 设计原理设计试验，利用气相色谱仪检测 MD^HM 的浓度并根据标准曲线计算出 MD^HM 的百分含量。Plackett-Burman 设计及试验结果如表 5-1 所示。

对表 5-1 进行回归分析，结果如表 5-2 所示。经表 5-2 显著性检验可知，催化剂用量、反应温度、反应时间表现为正效应，物料比为负效应。在可信度大于 90%的水平上，因素物料比、催化剂用量和反应温度对产物中中间体的百分含量影响显著，其中反应时间影响不显著。

表 5-2　各因素水平、效应值及显著性分析

因素	水平		效应	T	P
	−1	1			
物料比	1∶16	1∶4	−0.012263	−5.22	0.001
催化剂用量/%	2	8	0.006773	2.88	0.024
温度/℃	10	70	0.021068	8.97	0.000
时间/h	5	12	0.002694	1.15	0.289

注：相关系数 R^2=94.37%；调整后 R^2=91.16%。

3. 最陡爬坡试验

根据最陡爬坡试验原理，对于不显著的影响因素，表现为正效应的取较高值，表现为负效应的取较低值，出于节能考虑及中间体产率等因素，选择反应时间为 10 h。显著因素的变化步长、方向设计及试验结果如表 5-3 所示。

表 5-3　最陡爬坡试验设计及结果

序号	物料比	温度/℃	催化剂/%	MD^HM 的含量/%
1	1∶6	20	3	2.6347
2	1∶8	30	4	4.3788
3	1∶10	40	5	15.2311
4	1∶12	50	6	24.0111
5	1∶14	60	7	36.0916
6	1∶16	70	8	19.2539

由表 5-3 可知，随着物料比、反应温度和催化剂用量的变化，中间体的百分含量先上升后下降。当物料比、反应温度和催化剂用量分别为 1∶14，60 ℃和 7 %时，中间体的产率最高，以第 5 组水平作为响应面试验的中心点，进行进一步优化。

4. Box-Behnken 设计方案及结果

由最陡爬坡试验获取了显著影响因素的较优取值区间。设定反应时间为 10 h，以物料比、反应温度和催化剂用量 3 个显著因素为自变量进行编码，编码水平如表 5-4 所示，Box-Behnken 设计及试验结果如表 5-5 所示。

表 5-4　Box-Behnken 设计的变量及水平

变量	编码	编码水平		
		−1	0	1
物料比	X_1	1∶16	1∶14	1∶12
温度/℃	X_2	70	60	50
催化剂用量/%	X_3	8	7	6

注：X_1，X_2，X_3 为不同影响因子；“1”、“0”、“−1”表示高、中、低三个水平。

表 5-5　Box-Behnken 设计方案及响应值

序号	X_1	X_2	X_3	MD^HM 的含量/%
1	−1	−1	0	23.9071
2	1	−1	0	33.7991
3	−1	1	0	22.8744
4	1	1	0	26.7967
5	−1	0	−1	24.2065
6	1	0	−1	34.5498
7	−1	0	1	23.9588
8	1	0	1	32.9507
9	0	−1	−1	34.9283
10	0	1	−1	30.7240
11	0	−1	1	34.5059
12	0	1	1	28.7343
13	0	0	0	40.2213
14	0	0	0	39.9321
15	0	0	0	40.9312

为了明确各因素对响应值的影响，利用 SAS 分析软件对表 5-5 的结果进行回归拟合，得到以中间体的产率为响应值的二次回归方程为：

$$Y=0.403615+0.0414369X_1-0.0225138X_2-0.00532363X_3-0.0149242X_1X_2$$
$$-0.0033785X_1X_3-0.00391825X_2X_3-0.0841194X_1^2-0.0510527X_2^2-0.0303314X_3^2$$

表 5-6 是回归方程的方差分析结果，由其可知，整体模型为极显著（$P<0.01$）；失拟项 $P>0.05$ 表示失拟项相对于绝对误差是不显著的，说明回归方程与试验拟合较好。方程的相关系数 $R^2=0.9911$，调整后 $R^2=0.9751$，表明此模型能解释 97.51%

效应值变化，进一步说明该回归方程与试验拟合程度较高，可以用此模型对中间体的产率进行预测。

表 5-6　回归方程方差分析

来源	自由度	平方和（SS）	均方（MS）	F	P
回归	9	0.054121	0.006013	62.00	0.000
线性	3	0.018018	0.006006	61.92	0.000
平方	3	0.035105	0.011702	120.65	0.000
交互作用	3	0.000998	0.000333	3.43	0.109
残差误差	5	0.000485	0.000097		
失拟	3	0.000432	0.000144	5.45	0.159
纯误差	2	0.000053	0.000026		
合计	14	0.054606			

注：相关系数 R^2=99.11%；调整后 R^2= 97.51%。

5. 中间体合成工艺条件的确定

使用 SAS 软件对回归模型进行分析，得到的响应面图如图 5-5～图 5-7 所示。由响应面图可知，模型存在稳定点。通过岭脊分析预测，当物料比为 1∶13.45、反应温度为 62.5 ℃和催化剂用量为 7.09%时，响应值达到最大，即中间体产率的最大预测值为 41.23%。

为检验此试验方法的可靠性，采用上述最优工艺条件进行合成中间体产率的进一步试验验证。经过 4 次平行试验，中间体的平均产率为 40.62 %，与最大预测值基本相符，这说明方程能够反映中间体合成的真实情况，充分验证了所建模型的正确性，对于中间体的合成的工艺研究具有指导意义。

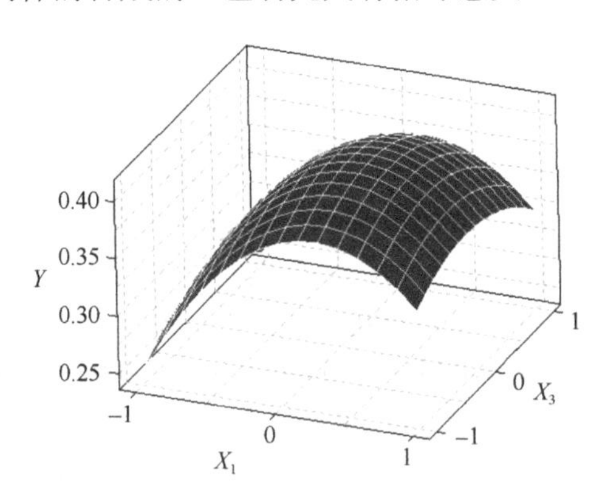

图 5-5　$Y=f(X_1, X_3)$ 的响应面图

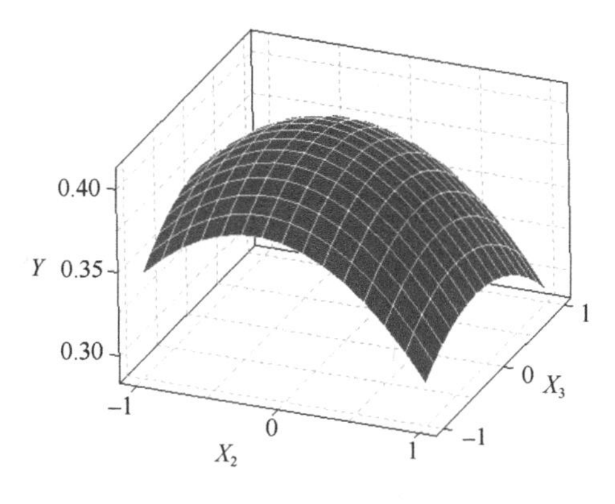

图 5-6　$Y=f$（X_2，X_3）的响应面图

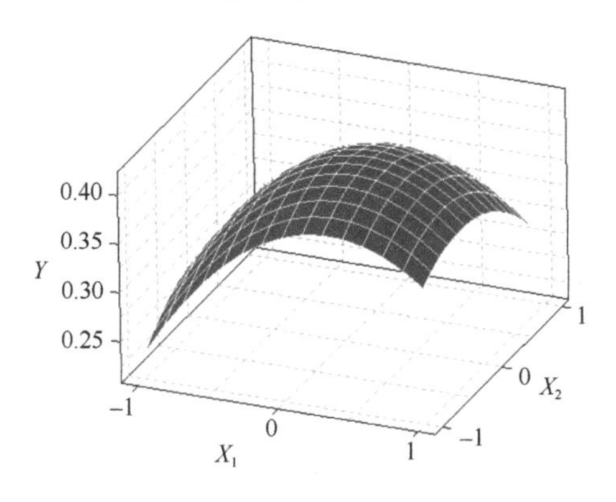

图 5-7　$Y=f$（X_1，X_2）的响应面图

5.6.3　红外光谱分析

产物和标样的红外谱图如图 5-8 所示，从图中可以看出，850 cm^{-1} 和 1263 cm^{-1} 处是 Si—CH_3 的特征吸收峰，1068 cm^{-1} 附近的强宽峰是 Si—O—Si 的特征吸收峰，2153 cm^{-1} 处为 Si—H 键的伸缩振动吸收峰，2966 cm^{-1} 处为 C—H 键的振动吸收峰。通过图 5-8 产物样品与标样的红外谱图比较，可以清楚地看出样品的基团吸收峰与标样的基团吸收峰几乎重合，则可基本确定合成的产物为 MD^HM。

5.6.4　^{1}H NMR 分析

由图 5-9 可知，a、b 处为 Si—CH_3 中的质子峰，c 为 Si—H 中的质子峰，d 为溶剂 $CDCl_3$ 的质子峰。综合图 5-5 和图 5-6 的结果可以确定合成的产物为

MD^HM。

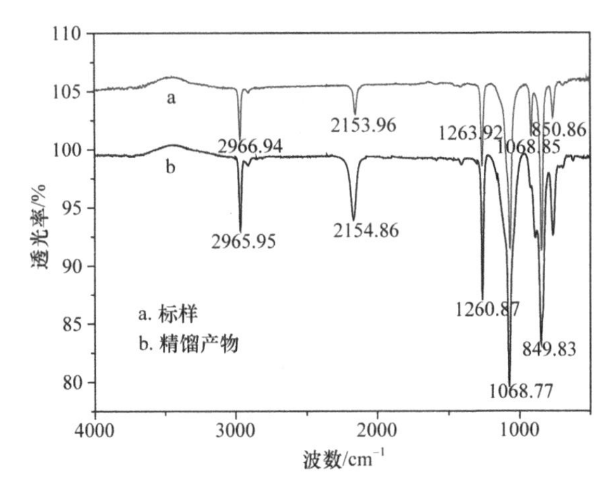

图 5-8　MD^HM 标样和精馏产物的红外谱图

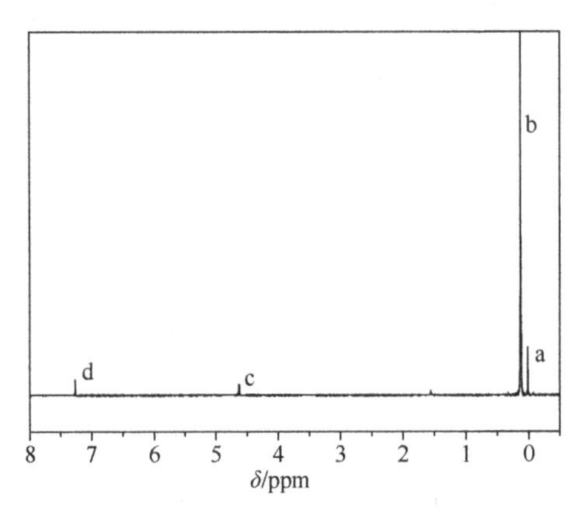

图 5-9　精馏产物的 ^1H NMR 谱图

5.7　非离子型聚醚改性三硅氧烷的合成与结构表征

5.7.1　合成原理与方法

合成原理是含氢硅氧烷 MD^HM 和烯丙醇聚氧烷羟基醚（FAE-58）在 Karstedt 催化剂的作用下进按照 Chalk-Harrod 机理进行硅氢加成反应。该机理分 4 个步骤：烯烃配位，形成烯烃–金属配合物；氧化加成；烯烃插 M—H 键；还原消除。合成路线如下：

$$H_3C-\overset{\overset{CH_3}{|}}{\underset{\underset{CH_3}{|}}{Si}}-O-\overset{\overset{CH_3}{|}}{\underset{\underset{H}{|}}{Si}}-O-\overset{\overset{CH_3}{|}}{\underset{\underset{CH_3}{|}}{Si}}-CH_3 + CH_2{=}CHCH_2{-}(OCH_2CH_2)_{7.5}{-}OH \xrightarrow{\text{Karstedt催化剂}} H_3C-\overset{\overset{CH_3}{|}}{\underset{\underset{CH_3}{|}}{Si}}-O-\overset{\overset{CH_3}{|}}{\underset{\underset{CH_2CH_2CH_2-(OCH_2CH_2)_{7.5}-OH}{|}}{Si}}-O-\overset{\overset{CH_3}{|}}{\underset{\underset{CH_3}{|}}{Si}}-CH_3$$

将一定量的 FAE-58 和 Karstedt 催化剂加入装有回流冷凝管、搅拌子的反应三口烧瓶中，先在 80℃温度和氮气保护下混合 30 min，使聚醚活化，充分形成烯烃–金属配合物；然后，将温度升高到预定的温度，开始慢慢滴加 MD^HM。这样可以避免由于过早加入 MD^HM 发生的水解，以及 Si—H 与—OH 反应生成易水解的 Si—O—C 键。通过定时取样用红外光谱仪监测 MD^HM 的转化情况。待反应结束后减压除去未反应完的 MD^HM 和其他低沸物，剩余的产物即是非离子型的烯丙醇聚氧烷羟基醚改性的三硅氧烷表面活性剂。

5.7.2　工艺条件的优化

1. 影响因素的筛选

根据 Plackett-Burman 设计原理设计试验，由于表面活性剂的许多的性能和原料之间反应的进行程度均与产物的表面张力有直接关系，所以本试验优化目标以产物的表面张力的大小为主要考察目标。Plackett-Burman 设计及试验结果如表 5-7 所示。

表 5-7　Plackett-Burman 试验设计与结果

序号	n（C═C）∶n（Si—H）	催化剂用量/ppm	温度/℃	时间/h	表面张力/（mN/m）	外观
1	1	−1	1	−1	30.056	分层
2	−1	−1	−1	−1	36.217	分层
3	1	−1	1	1	26.975	发黄/有絮状物
4	−1	1	1	−1	28.217	浑浊
5	−1	−1	1	1	36.354	发黄/有絮状物
6	1	1	1	−1	27.668	浑浊
7	1	1	−1	1	25.437	微浑浊
8	1	−1	−1	−1	27.117	浑浊

续表

序号	n（C═C）∶n（Si—H）	催化剂用量/ppm	温度/℃	时间/h	表面张力/（mN/m）	外观
9	−1	1	1	1	34.708	发黄/有絮状物
10	−1	1	−1	−1	38.778	分层
11	−1	−1	−1	1	32.953	分层
12	1	1	−1	1	35.975	有絮状物

注：“1”、“−1”代表高、低两个水平，下同。

对表5-7进行回归分析，结果如表5-8所示。经表5-8显著性检验可知，催化剂用量、反应温度、反应时间表现为负效应，n（C═C）∶n（Si—H）为负效应。在可信度大于90%的水平上，因素物料比、催化剂用量和反应温度对产物中的中间体的百分含量影响显著，其中反应时间影响不显著（$P>0.05$）。

表5-8　各因素水平、效应值及显著性分析

因素	水平		效应	T	P
	−1	1			
n（C═C）：n（Si—H）	0.6∶1	1.4∶1	2.354	4.80	0.00
催化剂用量/ppm	4	10	−1.541	−3.14	0.002
温度/℃	80	110	−8.253	−16.82	0.016
时间/h	1	4	−0.726	−1.48	0.183

注：相关系数 R^2=97.85%；调整后 R^2=96.61%。

2. 最陡爬坡试验

根据最陡爬坡试验原理，对于不显著的影响因素，表现为正效应的取较高值，表现为负效应的取较低值，出于节能考虑及中间体转化率等因素，选择反应时间为2.5 h。显著因素的变化步长、方向设计及试验结果如表5-9所示。

表5-9　最陡爬坡试验设计及结果

序号	n（C═C）∶n（Si—H）	温度/℃	催化剂用量/ppm	表面张力/(mN/m)	外观
1	0.7∶1	85	5	26.017	有分层
2	0.8∶1	90	6	23.554	微浑浊
3	0.9∶1	95	7	18.517	透明
4	1∶1	100	8	21.017	微黄
5	1.1∶1	105	9	25.708	发黄/有絮状物

由表5-9可知，随着物料比、反应温度和催化剂用量的变化，产物的表面张

力先上升后下降，外观也是先变好再变差。当 n（C═C）∶n（Si—H）、反应温度和催化剂用量分别为 0.9∶1，95℃和 7 ppm 时，产物的表面张力最低，并且外观透明。以第 3 组水平作为响应面试验的中心点，进行进一步优化。

3. Box-Behnken 设计方案及结果

由最陡爬坡试验获取了显著影响因素的较优取值区间。设定反应时间为 2.5 h，以 n（C═C）∶n（Si—H）、反应温度和催化剂用量 3 个显著因素为自变量进行编码，编码水平如表 5-10 所示，Box-Behnken 设计及试验结果如表 5-11 所示。

表 5-10　Box-Behnken 设计的变量及水平

变量	编码	编码水平		
		−1	0	1
n（C═C）∶n（Si—H）	X_1	0.8∶1	0.9∶1	1∶1
温度/℃	X_2	90	95	100
催化剂用量/ppm	X_3	6	7	8

注：X_1，X_2，X_3 为不同影响因子；“1”、“0”、“−1”表示高、中、低三个水平。

表 5-11　Box-Behnken 设计方案及响应值

序号	X_1	X_2	X_3	表面张力/(mN/m)	外观
1	−1	−1	0	22.668	微浑浊
2	1	−1	0	19.851	微浑浊
3	−1	1	0	23.467	微黄
4	1	1	0	21.017	微黄
5	−1	0	−1	21.275	透明
6	1	0	−1	19.217	透明
7	−1	0	1	22.175	透明
8	1	0	1	19.954	透明
9	0	−1	−1	19.308	微浑浊
10	0	1	−1	20.455	透明
11	0	−1	1	19.510	透明
12	0	1	1	21.056	透明
13	0	0	0	18.627	透明
14	0	0	0	18.351	透明
15	0	0	0	18.554	透明

为了明确各因素对产品表面张力的影响程度，利用 SAS 软件对表中产品表面张力的试验数据进行多元回归拟合，得到二次回归方程为：$Y = 689.943 - 369.69X_1 - 10.3233X_2 - 4.55608X_3 + 0.1835X_1X_2 - 0.4075X_1X_3 + 0.01995X_2X_3 + 190.654X_{12} +$

$0.0533417X_{22}+0.238042X_{32}$。由回归方程可知，$X_1$ 项，即 n（C═C）∶n（Si—H）对目标值影响最大，且各因素的影响作用次序为：n（C═C）∶n（Si—H）>反应温度>催化剂用量。

由表 5-12（回归方程的方差分析结果）可知，数据拟合所得回归方程 $P=0.000<0.01$，说明整体模型极为显著，即目标值与 3 个自变量为显著相关；失拟项 $P=0.188>0.05$ 不显著，表明回归方程对试验拟合较好。

表 5-12 回归方程方差分析

来源	自由度	平方和（SS）	均方（MS）	F	P
回归	9	33.5808	3.7312	59.02	0.000
线性	3	14.8471	3.76393	59.53	0.000
平方	3	18.6536	6.21788	98.35	0.000
交互作用	3	0.0801	0.0267	0.42	0.745
残差误差	5	0.3161	0.06322		
失拟	3	0.2752	0.09174	4.49	0.188
纯误差	2	0.0409	0.02045		
合计	14	33.8969			

注：相关系数 R^2=99.07%；调整后 R^2= 97.39%。

4. 检测 D^HM 的转化情况及反应时间的合理性

图 5-10 是在合成非离子型聚醚改性三硅氧烷（NTS）的过程中定时取样的红外谱图。从图中可以看出随着反应时间的延长，原料 MD^HM 中的 Si—H 键逐渐消失，MD^HM 的转化率在不断提高。在反应 1.5 h 时 Si—H 键基本消失，反应 2 h 时 Si—H 键彻底消失，说明原料 MD^HM 已经完全反应，则最佳反应时间应选择为 2 h。

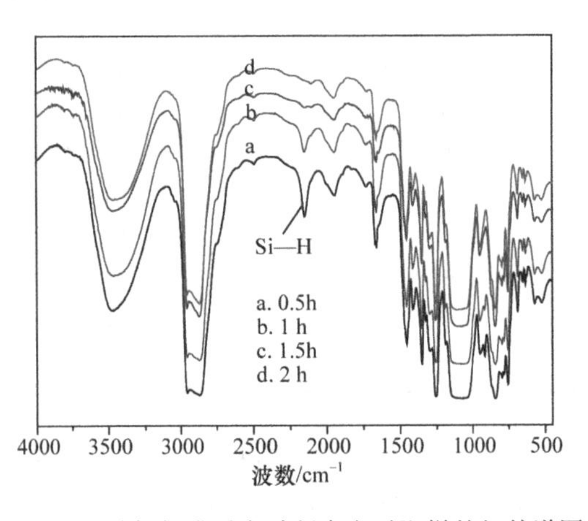

图 5-10 硅氢加成反应过程中定时取样的红外谱图

5. 最优合成工艺及验证

利用 SAS 分析软件根据响应面回归方程绘制响应面曲面图，如图 5-11～图 5-13 所示。每个响应面表示当一个变量的水平为最佳时，另外两个独立变量

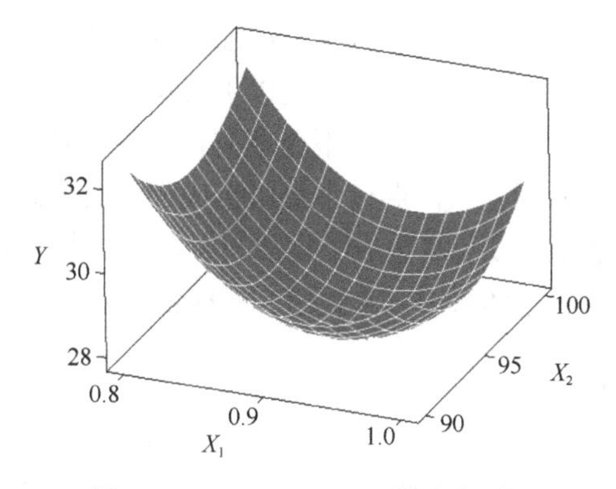

图 5-11　$Y=f(X_1, X_2)$ 的响应面图

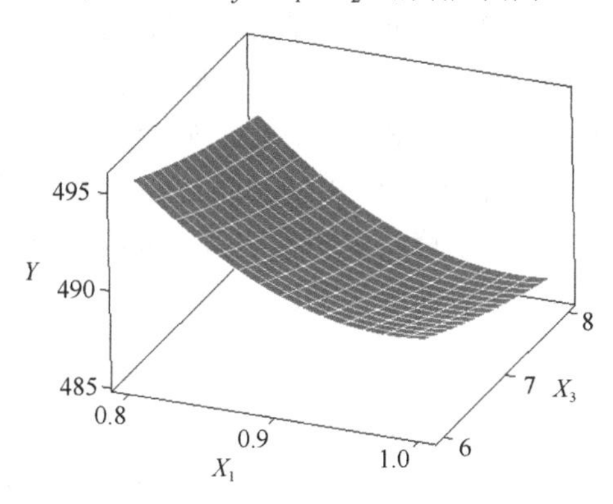

图 5-12　$Y=f(X_1, X_3)$ 的响应面图

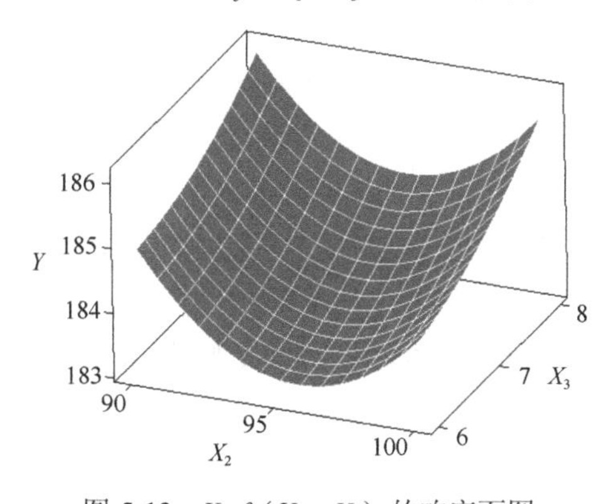

图 5-13　$Y=f(X_2, X_3)$ 的响应面图

之间的交互作用。通过岭脊分析，回归模型存在最小值，产品表面张力的最小值为 18.177 mN/m，最优合成工艺条件为：n（C=C）∶n（Si—H）=0.93，反应温度为 94℃，催化剂用量为 6.4 ppm。按照上述条件进行 3 次平行试验验证（反应时间为 2 h），所得产品的平均表面张力为 18.417 mN/m，与理论预测值基本相符。

在优化反应过程中，产物出现了分层、浑浊、发黄和有絮状物等不好现象，究其原因可能是：分层是由于反应的温度不足以引发反应需要的能量；浑浊是由于反应温度不够、催化剂的量不够、物料比不合理或者一部分异构化的聚醚未参加反应引起的；发黄是由于长时间在较高温度下反应造成部分成分碳化，或者催化剂中铂析出；有絮状物则可能是温度较高生成了复杂的聚合物，也可能是生成了 Si—O—C 键引起了交联反应，或者是体系中有水致使 Si—H 键发生水解引起了交联反应等。

5.7.3　红外光谱分析

图 5-14 为 Silwet L-77 和本实验合成的非离子型表面活性剂 NTS 的红外谱图。从图中可以看出，谱图 b 中 2153 cm^{-1} 处的 Si—H 键的伸缩振动吸收峰已经消失，说明产物中已无 MD^HM 存在。1660 cm^{-1} 左右观察到有 C=C 键的特征吸收峰，说明产物中有少量未反应的 FAE-58 存在，但有研究表明，少量的聚醚对 NTS 的表面活性的影响很小。NTS 的谱图与 Silwet L-77 的谱图基本吻合，在 3400 cm^{-1} 附近都有较宽的—OH 伸缩振动峰，说明本实验合成的 NTS 与 Silwet L-77 一样，都含有—OH 封端的三硅氧烷表面活性剂。

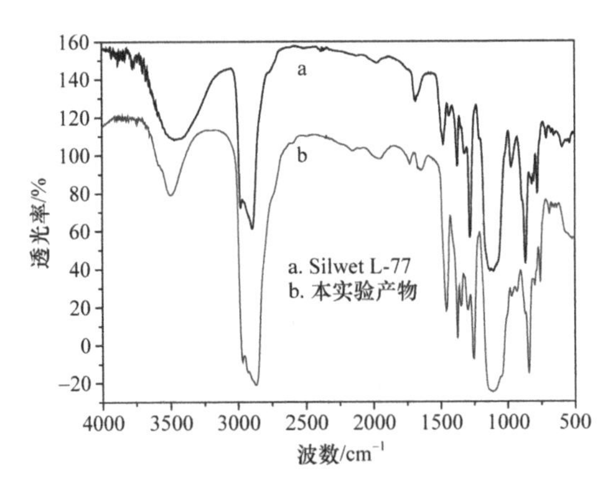

图 5-14　Silwet L-77 和本实验合成的非离子型表面活性剂 NTS 的红外谱图

5.7.4　^{1}H NMR 分析

图 5-15～图 5-16 为原料 MD^HM 和 FAE-58 的 ^{1}H NMR 谱图；图 5-17～图 5-18

为产物 NTS 和样品 Silwet L-77 的 ^{1}H NMR 谱图。图中，a、b 为—Si—CH_3 中的质子峰，c 为—Si—$CH_2CH_2CH_2$—中的质子峰，d 为—OH 中的质子峰，e 为—OCH_3 中的质子峰，f 为—$[CH_2CH_2O]_{7\sim8}$ 中的质子峰，g 为—Si—H 中的质子峰，h 为 CH_2═$CHCH_2$—中的质子峰，i 为溶剂 $CDCl_3$ 中的质子峰，j 为 CH_3CH_2O—中的质子峰。图 5-17 中没有出现—Si—H 和 CH_2═$CHCH_2$—，说明两种原料已经反应完全；图中还存在着—OH，说明在反应过程中—OH 没有被 C═C 键反应掉；并且从图中可以看出 NTS 与 Silwet L-77 一样都含有—OCH_3 基团，原因可能是一小部分聚醚与催化剂接触过程中发生了异构化，不过可以确定的是产物中已经出现了目标产物。

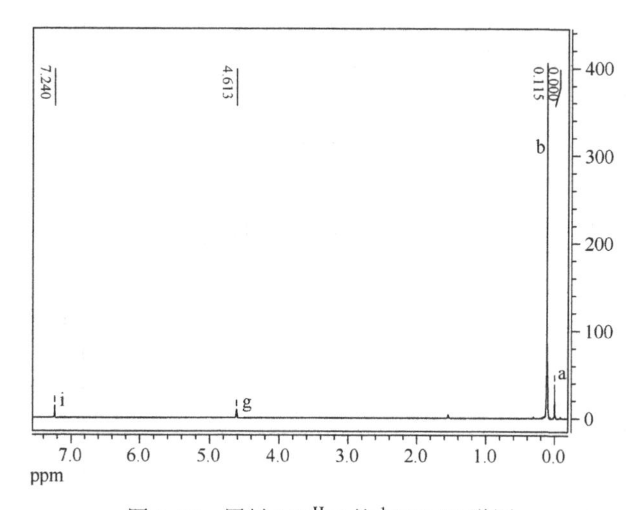

图 5-15　原料 $MD^{H}M$ 的 ^{1}H NMR 谱图

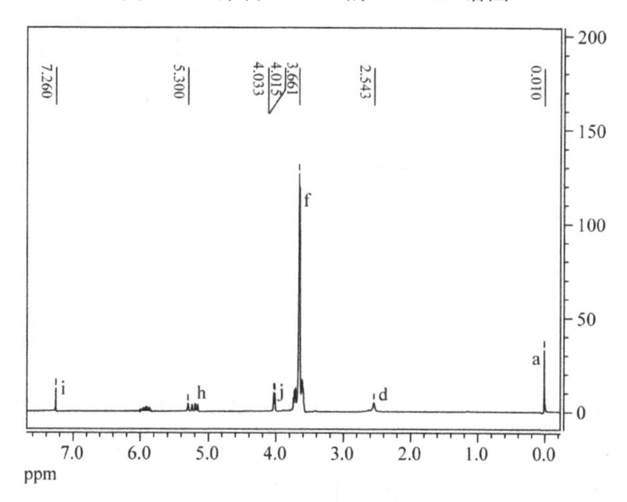

图 5-16　原料 FAE-58 的 ^{1}H NMR 谱图

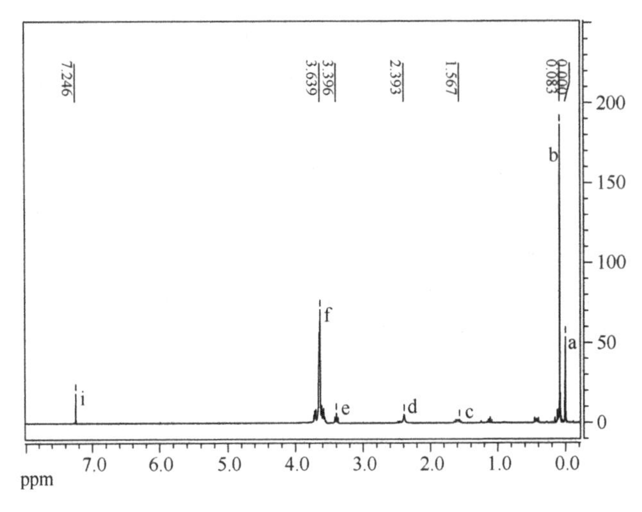

图 5-17　产物 NTS 的 ^{1}H NMR 谱图

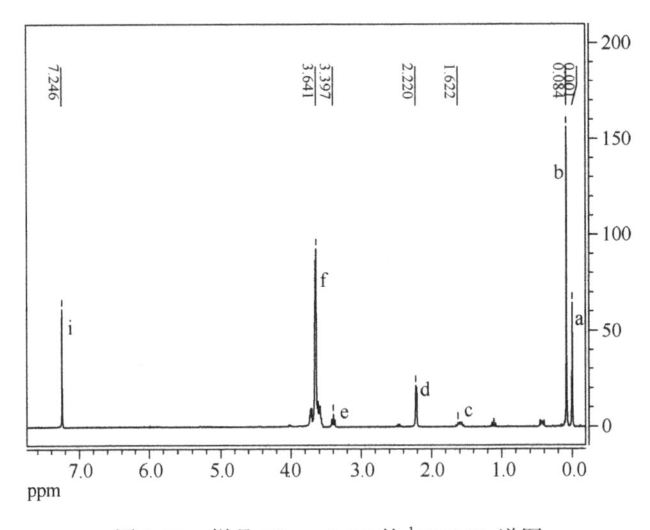

图 5-18　样品 Silwet L-77 的 ^{1}H NMR 谱图

5.8　非离子型聚醚改性三硅氧烷的性能

5.8.1　临界胶束浓度

图 5-19 为 NTS 浓度的对数与其水溶液表面张力的关系图。由 γ-lg$c$ 曲线的转折点处可得到 NTS 的临界胶束浓度（CMC）为 6.2×10^{-4} mol/L，所对应的表面张力为 γ_{CMC}=18.518 mN/m。可见，相对于常规的烃类表面活性剂（30～40 mN/m）

来说，NTS 是能够显著降低水溶液表面张力的一类高效的表面活性剂。高效的原因是：柔性较好的硅氧烷链可以使甲基以最低的能量紧密地堆积，呈“伞形”吸附在界面上。而烃类表面活性剂的疏水基团是亚甲基，其表面能比甲基的高。

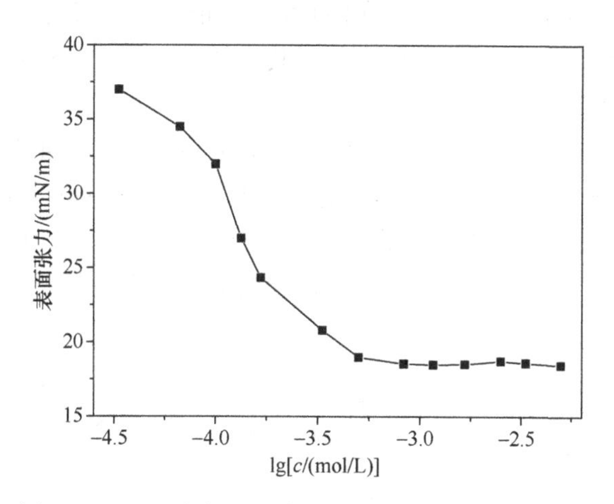

图 5-19　NTS 浓度的对数与其水溶液表面张力的关系

5.8.2　NTS 和 Silwet L-77 性能测试对比结果

NTS 和 Silwet L-77 的各性能测试对比结果见表 5-13。从 a_m^s 值可以看出 NTS 和 Silwet L-77 在水表面的吸附作用差别不大，这是因为表面活性剂在表面形成致密的单分子层，单个分子所占的最小面积 a_m^s 只取决于“伞形”三硅氧烷的形状和尺寸，而这两种表面活性剂结构相似，所以区别也不大。

表 5-13　NTS 和 Silwet L-77 性能测试结果（测量温度 25℃）

指标	合成产物 NTS	Silwet L-77
EO 链段长度	7.5	7～8
外观	透明	透明
瞬间接触角/(°)	11.00	14.00
动力黏度/(mPa/m)	61.6	65.3
运动黏度/(mm^2/s)	33.414	34.166
CMC/(mol/L)	6.2×10^{-4}	6.5×10^{-4}
γ_{CMC}/(mN/m)	18.518	19.207
折射率	1.505	1.449
浊点/℃	浑浊	浑浊
HLB	14.133	14.134
Γ_∞/(mol/m^2)	6.05×10^{-6}	5.97×10^{-6}
a_m^s/nm^2	0.275	0.278
ΔG^θ_m/(kJ/mol)	−28.269	−28.152

5.8.3 水解性能

分别配制 pH 为 4、7 和 10 的 0.1wt%的表面活性剂水溶液，于室温下放置，通过测定其表面张力随时间的变化来判断其水解稳定性。以 Silwet L-77 有机硅表面活性剂作对比参照。

从图 5-20 中可以看出，产物 NTS 和 Silwet L-77 在 pH=4 的水溶液中的表面张力变化都比较快，放置一个月后，表面张力都升到了 50 mN/m 以上，说明这两种表面活性剂在强酸环境下稳定性较差。其原因可能是 Si—O—Si 键在酸性水溶液易发生水解或者重排歧化反应，使得表面活性剂丧失其表面活性。

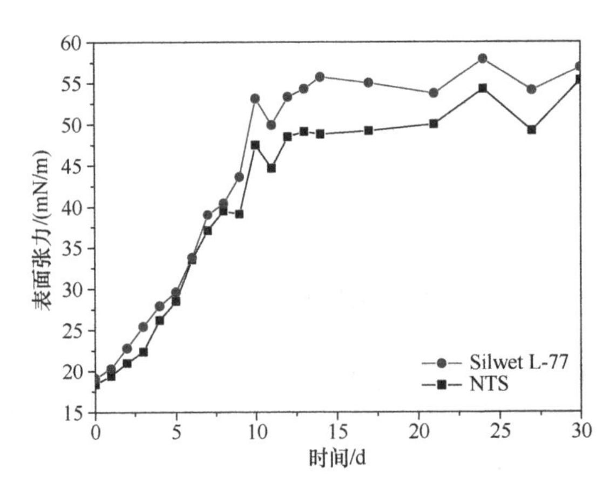

图 5-20 pH=4 时表面活性剂的 γ 随时间的变化

由图 5-21 可知，产物 NTS 和 Silwet L-77 在 pH=10 的水溶液中的表面张力在前 30 天基本不变，但在 30 天后变化都比较快，特别是 Silwet L-77；放置三个月后，表面张力都升高了很多，只是 Silwet L-77 的表面张力升高的更高；说明这两种表面活性剂在碱性环境下 30 天内的耐水解性较好，产物 NTS 比 Silwet L-77 相对较好；原因可能是 Si—O—Si 键与碱性水溶液接触而发生水解或者重排歧化反应，使得表面活性剂丧失其表面活性。

由图 5-22 可知，产物 NTS 在 pH=7 的水溶液中的表面张力在前 30 天基本不变，在 60 天时表面张力升到 25 mN/m 左右，但在 90 天后表面张力增加了一倍左右；而 Silwet L-77 的水解性相对稳定，放置 90 天后的表面张力依然能稳定在 25 mN/m 左右。相对在酸性和碱性环境下，这两种表面活性剂在中性环境下水解性相对较稳定，Silwet L-77 比产物 NTS 在中性环境下的水解稳定性更好。

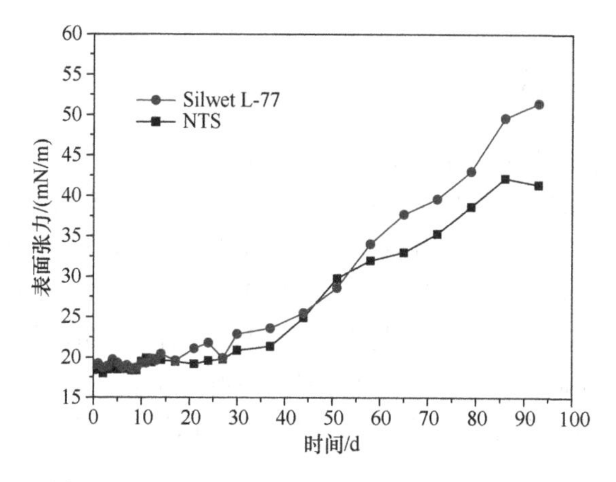

图 5-21 pH=10 时表面活性剂的 γ 随时间的变化

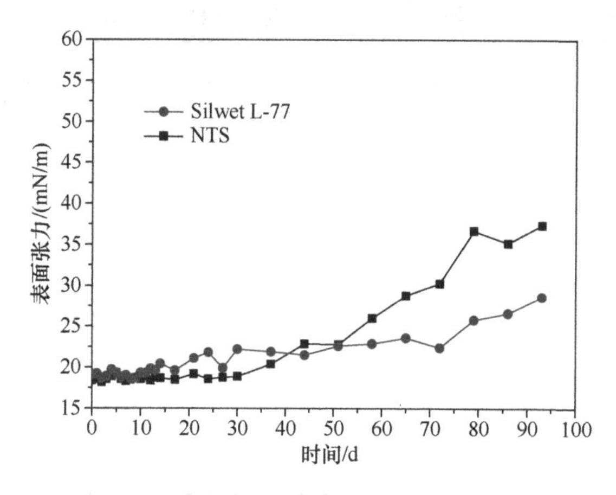

图 5-22 pH=7 时表面活性剂的 γ 随时间的变化

5.9 非离子型聚醚改性三硅氧烷作农展剂的应用

5.9.1 空心莲子草生物学特性和生理生化

空心莲子草（*Alternanthera philoxeroides* Griseb）又称喜旱莲子草、水花生、空心苋、水蕹菜、革命草，苋科（Amaranthaceae）莲子草属（*Alternanthera*），多年生宿根草本植物，其根系属不定根系，可发育成肉质状根（即宿根）。其一般不结实，通过无性繁殖形成大量无性系株丛，扩大种群生态空间。空心莲子草生长迅速，抗逆性强，适应广泛，水田、湿地和旱地中均可生长，在杂草的生存竞争中占有绝对优势。

5.9.2　试验原理与方法

根据除草剂对杂草的外观形态和生理生化指标，如相对水含量、叶绿素含量等都有较大影响，农展剂能够提高农药的药效，进行试验研究。

将采摘回来的空心莲子草用装有质地一致的土壤、规格为 d=25cm 的塑料花盆进行扦插栽培，每盆 6 个节茎，置于通光通风处，每天保持土面湿润，期间施 1～2 次肥。待空心莲子草生长至七叶期后，以不同剂量的除草剂和 NTS 水溶液（见表 5-14）进行喷洒处理，以清水为对照，以叶片上表面湿透为准，每个处理设 3 个重复。处理后每天观察空心莲子草外观形态的变化，3 天后取材用于生理生化指标测定。

表 5-14　10 组不同剂量的除草剂和 NTS 水溶液的处理表

组号	除草剂用量/(g/kg)	NTS 用量/%
1	清水（CK）	0
2	2	0
3	2	0.01
4	2	0.05
5	2	0.1
6	2/3×2	0
7	2/3×2	0.01
8	2/3×2	0.05
9	2/3×2	0.1
10	0	0.05

20%使它隆除草剂的田间建议使用量为 50～70 mL/亩，每亩喷施水溶液按 30 kg，配制成除草剂的浓度为 2 g/kg。

5.9.3　指标测定方法

1）形态指标的观察

采用观察、文字描述的方法记录空心莲子草喷药后 1 d、3 d 和 7 d 地上部分及地下部分的形态变化。

2）相对含水量的测定

将处理后 7 d 的空心莲子草（整株）冲洗干净，表面水吸干，称其鲜重（W_f），每处理 3 份，用报纸包住，置于烘箱中，80℃烘干到恒重，称其干重（W_d）。

$$相对含水量=\frac{W_f - W_d}{W_d}\times 100\%$$

3）叶绿素含量的测定

采用丙酮浸提法：取处理后3 d的空心莲子草，摘叶，去离子水冲洗2遍，吸干表面水分，剪去粗大的叶脉并剪成碎片，称取0.2 g，3份，放入15 mL PC离心管中，标号，加入10 mL 80%的丙酮，黑暗浸泡36～48 h，取上清液测定646 nm、663 nm的光密度（OD）值。80%的丙酮提取液中叶绿素a和叶绿素b含量的计算公式如下：

$$C_a=12.21A_{663}-2.81A_{646}$$

$$C_b=20.13A_{646}-5.03A_{663}$$

$$C_{a+b}=17.32A_{646}-7.18A_{663}$$

$$叶绿素含量=\frac{C_{a+b}\times V}{W_f\times 1000}$$

式中，C_a、C_b和C_{a+b}分别为叶绿素a、叶绿素b和叶绿素a+b的浓度，单位为mg/L；A_{663}和A_{646}为646 nm、663 nm的OD值；W_f为鲜重，g；V为提取液的总体积，mL；叶绿素含量为 mg/g。

5.9.4 施药后空心莲子草地上、地下部分的形态特征变化

1. 施药后空心莲子草地上部分的形态变化

表5-15为施药1 d、3 d和7 d后空心莲子草地上部分的形态变化情况。从表中可看出，喷药7 d后，2号处理（只喷除草剂）的植株的茎秆还没完全失绿，还有生命特征；3号、4号、5号、8号和9号的叶子已经全部枯死，特别是4号、5号、8号和9号的茎秆也全部枯死，与2号对比可见，加入NTS农展剂能够明显提高除草剂的作用；并且单纯只喷施NTS农展剂的10号处理依然生长良好，则可预测NTS农展剂对植株茎叶的毒害作用不明显。

表5-15 施药后空心莲子草地上部分的形态变化

组号	1 d	3 d	7 d
1	茎叶生长旺盛，深绿	茎叶生长旺盛，深绿	茎叶生长旺盛，深绿
2	茎叶下垂	叶片泛黄，出现白斑，褐点	叶子枯黄，茎缺绿，下垂
3	茎叶下垂	叶片泛黄，出现褐点，茎缺绿	叶子全枯死，茎缺绿
4	茎叶下垂	叶子枯黄，茎缺绿，下垂	茎叶全部枯死
5	茎叶下垂	叶子枯黄，茎缺绿，下垂	茎叶全部枯死

续表

组号	1 d	3 d	7 d
6	茎叶下垂	叶片泛黄，出现白斑	叶片出现褐点，下垂
7	茎叶下垂	叶片泛黄，出现褐点	叶子枯黄，茎缺绿，下垂
8	茎叶下垂	叶子枯黄，茎缺绿，下垂	茎叶全部枯死
9	茎叶下垂	叶子枯黄，茎缺绿，下垂	茎叶全部枯死
10	茎叶生长旺盛，深绿	茎叶生长旺盛，深绿	茎叶生长旺盛，深绿

2. 施药后空心莲子草地下部分的形态变化

表 5-16 为施药 1 d、3 d 和 7 d 后空心莲子草地下部分的形态变化情况。从表中可看出，喷药 7 d 后，2 号处理（只喷除草剂）的植株的根部只有小部分发生了腐烂；4 号、5 号和 9 号的根部已经有超过 2/3 的部分发生了腐烂，与 2 号对比可见，加入 NTS 农展剂能够明显加快除草剂杀死杂草根部（除草的关键）的作用；并且单纯只喷施 NTS 农展剂的 10 号处理的根部没有不良反应，则可预测 NTS 农展剂对植株根部的毒害作用不明显。

表 5-16 施药后空心莲子草地下部分的形态变化

组号	1 d	3 d	7 d
1	生长良好，白色	生长良好，白色	生长良好，白色
2	生长良好，白色	生长良好，黄白色	占 1/2 以下的腐烂，有褐点
3	生长良好，白色	生长良好，黄白色	占 1/2 以上的腐烂，有褐点
4	生长良好，白色	深黄色，有褐点	占 2/3 以上的腐烂
5	生长良好，白色	深黄色，有褐点	占 2/3 以上的腐烂
6	生长良好，白色	生长良好，黄白色	占 1/2 以下的腐烂，有褐点
7	生长良好，白色	深黄色	占 1/2 以下的腐烂，有褐点
8	生长良好，白色	深黄色，有褐点	占 1/2 以上的腐烂，有褐点
9	生长良好，白色	深黄色，有褐点	占 2/3 以上的腐烂
10	生长良好，白色	生长良好，白色	生长良好，白色

5.9.5 除草剂对空心莲子草相对含水量的影响

图 5-23 为施药 7 d 后空心莲子草相对含水量的情况。由图可知，喷药 7 d 后，喷洒除草剂的处理植株的相对含水量都有明显的减少；除草剂中加了 NTS 农展剂的处理中，添加量为 0.05%和 0.1%的处理的相对含水量比其他处理的相对含水量更少，可见 NTS 农展剂有助于除草剂降低杂草体内的相对含水量；从 10 号处理结果可知 NTS 农展剂对植株的相对含水量没有影响。

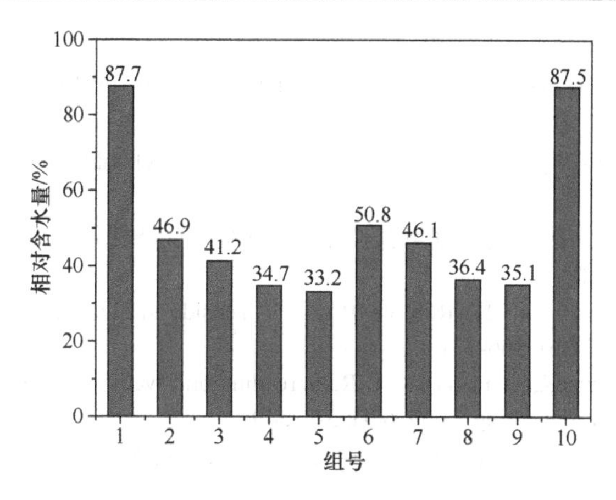

图 5-23　施药 7 d 后空心莲子草相对含水量

5.9.6　除草剂对空心莲子草叶绿素含量的影响

图 5-24 为施药 3 d 后空心莲子草叶绿素含量的情况。由图 5-24 可知，喷药 3 d 后，喷洒除草剂的处理植株的叶绿素都有明显的降解；除草剂中加了 NTS 农展剂的处理中，添加量为 0.05%和 0.1%的处理的叶绿素含量比其他处理的更少，可见 NTS 农展剂有助于除草剂降解杂草茎叶内叶绿素含量；从 10 号处理结果可知 NTS 农展剂对植株的叶绿素没有毒害作用。

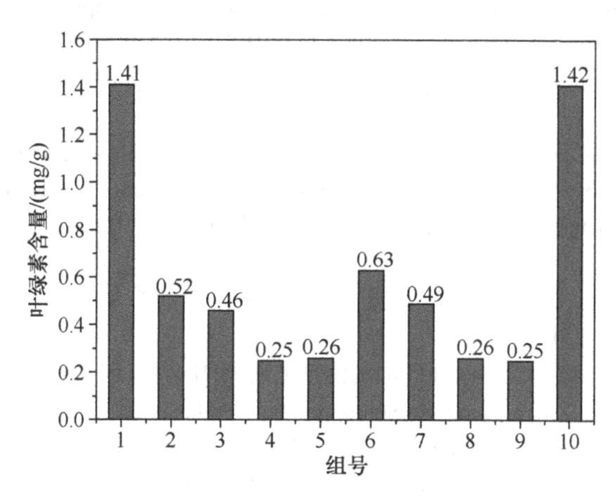

图 5-24　施药 3 d 后空心莲子草叶绿素含量

参 考 文 献

[1] 龚红升. 非离子型聚醚改性三硅氧烷表面活性剂的合成及性能研究[D]. 广州: 仲恺农业工

程学院, 2014.

[2] 来国桥, 幸松民. 有机硅产品合成工艺及应用[M]. 第二版. 北京: 化学化工出版社, 2010: 20-21.

[3] 杜杨, 刘祖亮, 吕春绪. 非离子型有机硅表面活性剂的结构和制备方法[J]. 化学通报, 2002, 65: 1-7.

[4] 张宇, 张利萍, 郑成. 农药助剂用有机硅表面活性剂的特性及用途[J]. 材料研究与应用, 2008, 2(4): 424-427.

[5] Gradzielski M, Hoffmann H, Robisch P, et al. Tenside surf[J]. Journal of Surfactants and Detergents, 1990, 27(6): 366-373.

[6] Radulovic J, Sefiane K, Shanahan M E R. Spreading and wetting behaviour of trisiloxanes[J]. Journal of Bionic Engineering, 2009, 6(4): 341-349.

[7] 宋芳, 王险, 张宗军, 等. 不同影响因素对二嗪磷微乳物理稳定性的影响[J]. 农药学学报, 2004, 6(2): 93-96.

[8] Policello G A. Terminally modified, amino, polyether siloxanes[P]. EP 1008614A2, 2000.

[9] Ananthapadmanabham K P, Gotdard E D, Chandar P. A study of the solution, interfacial and wetting properties of silicone surfactants[J]. Colloids Surface, 1990, 44: 281-297.

[10] Svitova T, Hoffmann H, Hill R M. Trisiloxane surfactants: Surface/interfacial tension dynamics and spreading on hydrophobic surfaces[J]. Langmuir, 1996, 12: 1712-1721.

[11] 王欣, 高聪芬, 何翠娟, 等. 上海市甜菜夜蛾对虫螨腈的抗药性及风险评价[J].农药科学与管理, 2018, 39(6): 41-45.

[12] 容仁学, 黄晞, 黄军军, 等. 农用有机硅助剂+啶虫脒防治柑桔蚜虫试验[J].广西植保, 2008, (2): 13-15.

[13] Siltech I. Silicone ester quaternary compounds [P]. US 5166297, 1992.

[14] Dietz T, Gruning B, Lersch P, et al. Organopolysiloxanes comprising polyhydroxy- organyl radicals and polyoxyalkylene radicals[P]. US 5891977, 1999.

[15] 崔孟忠. 合成有机硅织物后整理助剂用碳官能基硅烷单体的开发[J]. 有机硅材料, 2003, 17(1): 22-27.

[16] Kirk J. Amino and polyoxyalkylene functional polydiorganosiloxanes[P]. EP 404698, 1990.

[17] Ivanova N, Starov V, Johnson D, et al. Spreading of aqueous solutions of trisiloxanes and conventional surfactants over PTFE AF coated silicone wafers[J]. Langmuir, 2009, 25: 3564-3570.

[18] 李俊英, 冯圣玉, 李天铎. 聚硅氧烷季铵盐抗菌整理剂的合成及应用[J]. 日用化学工业, 2003, 33(4): 249-251.

[19] 李军伟, 王俊. Si-C 型聚醚改性硅油消泡剂的研制[J].有机硅材料, 2008, 22, (6): 365-368.

[20] Nieholas A A R, Zhengeheng Z, Sehneider Y. Synthesis and characterization of tetra- and trisiloxane-containing oligo(ethylene glycol) highly conducting electrolytes for lithium batteries[J]. Chemistry of Materials, 2006, 18: 1289-1295.

[21] Gentle T E, Snow S A. Adsorption of small silicone polyether surfactants at the air/water interface[J]. Langmuir, 1995, (11): 2905-2910.

[22] 白卫东, 沈棚, 钱敏, 等. 响应面优化花生酸奶发酵工艺研究[J]. 中国乳品工业, 2012, 40(4): 51-54.

[23] Xu C P, Kim S W, Hwang H J, et al. Application of statistically based experimental designs for the optimization of exo-polysaccharide production by cordyceps militaris NG3[J].

Biotechnology and Applied Biochemistry, 2002, (36): 127-131.

[24] Elibol M, Ozer D. Response surface analysis of lipase production by freely suspended rhizopus arrhizus[J]. Process Biochemistry, 2002, 38(3): 367-372.

[25] Sakuta K, Gunma K. Water-base agrochemical composition containing polyether-modified silicone[P]. US 6300283 B1, 2001.

[26] Retter U, Klinger R, Philipp R, et al. Effect of chemical structure on hydrolysis of siloxane alkyl ammonium bromides[J]. Journal of Colloid and Interface Science, 1998, 202(2): 269-277.

[27] Stoebe T, Lin Z X, Hill R M, et al. Surfactant-enhanced spreading[J]. Langmuir, 1997, 13(26): 7304-7304.

[28] Venzmer J. Superspreading: 20 Years of physicochemical research[J]. Current Opinion in Colloid & Interface Science, 2011, 16(4): 335-343.

[29] Kumar N, Varanasi K, Tilton R D, et al. Surfactant self-assembly ahead of the contact line on a hydrophobic surface and its implications for wetting[J]. Langmuir, 2003, 19(13): 5366-5373.

第 6 章　纳米 Pt/SiO_2 催化剂的制备及其催化合成有机硅增效剂

6.1　硅氢加成反应简介

硅氢加成反应是指含氢硅烷和烯烃或炔烃或分子中含有双键或三键的物质发生的加成反应，这一类反应在构筑 Si—C 键的反应中具有重要的作用，因而广泛用于合成精细化学品、化学中间体、有机硅单体以及有机硅氧烷聚合物。与其他合成方法相比较，硅氢加成反应适用的底物丰富，产物种类多变。另外，该反应还具有反应条件温和、易于控制、副反应较少、产物纯度和产率较高等优点，符合工业化生产的要求，因而也广泛地应用于工业上合成有机硅产品。

6.2　硅氢加成反应常用催化剂

6.2.1　均相催化剂[1]

1. 铂类催化剂

均相催化反应是指催化剂、反应底物和溶剂存在于同一相所发生的反应。用于均相催化反应中的催化剂就称为均相催化剂。目前，硅氢加成反应中最常使用的均相催化剂为 Speier 催化剂和 Karstedt 催化剂，这两种催化剂的催化效率高，制备过程简单，因而成为实验室合成以及工业上合成有机硅的重要催化剂。

Speier 催化剂是指将氯铂酸溶解到特定的溶剂中，使得催化剂能和反应底物、溶剂更好地相容，以期达到提高反应的选择性和催化剂的催化效果。Speier 催化剂常用的溶剂为异丙醇、四氢呋喃、甲醇、乙醇和丁醇等，广泛应用于有机硅表面活性剂的合成。Snow 等[2]先通过含氢硅油与烯丙基胺在 Speier 催化剂的催化下发生硅氢加成反应，将制得的前驱体再与碘代乙酸等反应，得到有机硅甜菜碱型表面活性剂（图 6-1），测得合成的有机硅甜菜碱型表面活性剂在临界胶束浓度时的表面张力为 21mN/m。

在 20 世纪 70 年代，由于 Speier 催化剂体系存在较长的诱导期以及对某些反应催化活性较低，这使得美国通用电气公司（GE）的 Karstedt 等对新型催化剂进行了探索。

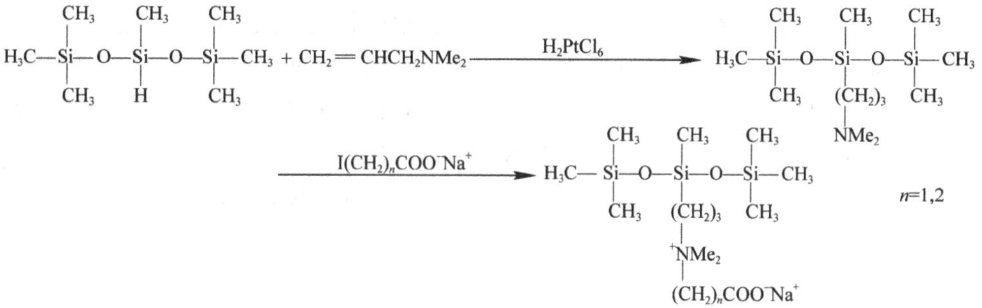

图 6-1　有机硅甜菜碱型表面活性剂的合成

Karstedt 将氯铂酸和乙烯基硅氧烷配体进行反应，制备了在有机硅中溶解性更好的催化剂，且催化性能较 Speier 催化剂好。但那时对其结构知之甚少，后续的研究发现，Karstedt 催化剂是指氯铂酸与乙烯基硅氧烷反应得到的络合物[3]，其合成路径如图 6-2 所示。Karstedt 催化剂广泛应用于聚硅氧烷官能团化合物的合成。Pionteck 等[4]合成了一种新型可交联的偶联剂，并将其用于非均相共混聚合物界面的改性，反应方程式如图 6-3 所示。

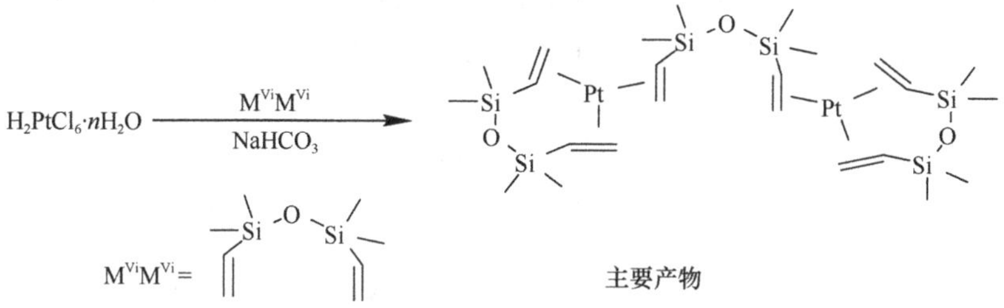

图 6-2　Karstedt 催化剂的合成

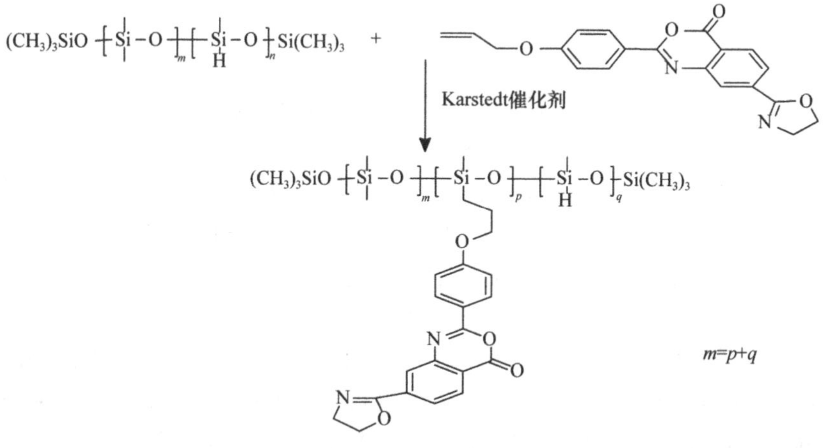

图 6-3　多官能团偶联剂的合成

Karstedt 催化体系（图 6-4）中会有部分铂以胶体的形式析出，这是由于乙烯基双封头配体的不稳定性导致配体与铂的分离。因此，研究者通过其他乙烯基配体制备了更加稳定的类 Karstedt 催化剂。通过有机膦配体将部分乙烯基双封头置换出来，制备了有机膦配体改性的类 Karstedt 催化剂。这一类催化剂有效地减少了铂胶体的出现，但是其硅氢加成催化活性仍逊于 Karstedt 催化剂[5,6]。

图 6-4　有机膦配体类 Karstedt 催化剂的合成

为了更好地抑制铂胶体的产生以及提高硅氢加成反应的催化活性，研究者合成了一系列氮杂环卡宾配合铂的类 Karstedt 催化剂。氮杂环配体的强吸电子能力降低了铂周围的电子云密度，这使得其催化活性下降，但是其催化活性仍优于 Karstedt 催化剂。值得一提的是，NHC-Pt(0)（图 6-5）在硅氢加成中几乎未产生铂胶体粒子，这为获得无色或浅色产物提供了一个便利的方法[7,8]。

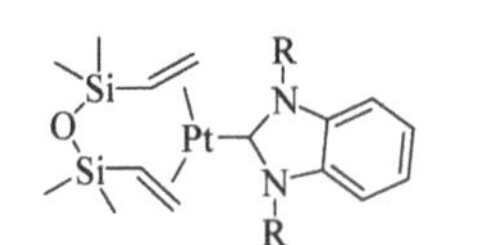

R=Me, ᵗBu, Cy, Ph, 金刚烷基, 甲酰基

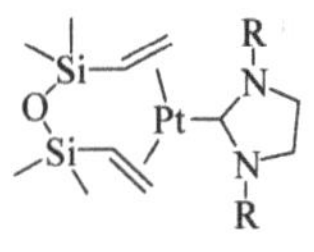

图 6-5　适用于硅氢加成反应的 NHC-Pt(0)配合物

2. 镍、钯类催化剂

许多 Ni(II)和 Ni(0)的配合物都可应用于烯烃的硅氢加成反应中。比较成熟的镍类硅氢加成催化剂有 $Ni(PPh_3)_4$、$Ni(PR_3)_2X_2$ (X=Cl，CO)和双齿配体镍的催化剂 $Ni(COD)_2(PR_3)_2$、$Ni(acac)_2(PR_3)$。但是，在硅氢加成反应中，镍催化剂具有发生去氢化硅氢加成和加氢反应的强烈倾向，这限制了其在硅氢加成反应中的应用。然而，镍类催化剂在某些反应中能显示出较高的区域选择性[1,9]。

在硅氢加成反应中，钯类催化剂并不是很重要的一类催化剂。这是因为钯类催化剂很容易被含氢硅烷还原为金属态。然而，研究者通过引入空间位阻较大的基团或螯合配体降低了钯类催化剂被含氢硅烷还原的概率。因而催化剂 $Pd(PR_3)_4$、$PdX_2(PR_3)_2$、$Pd(RCN)_2$+PR_3 在烯烃、环二烯烃和共轭烯烃的硅氢加成反应中是十分有效的催化剂[10]。钯类催化剂在某些硅氢加成反应中也能表现出较高的区域选择性或对映体选择性，如丙烯腈、苯乙烯等含吸电子取代基团的烯烃，在钯类催化剂的催化下能选择性地生成 α-硅氢加成产物。据报道，手性亚磷酰胺配合钯催化剂在苯乙烯的硅氢加成反应中具有较好的催化活性和对映体选择性[11]。

近几年，人们开始尝试将钯和其他过渡金属联合制备复合型催化剂，也取得了非常好的效果。Zhao 等[12]通过共沉淀法将 Ce、Zr 和 Mn 等金属和 Pd 共混制备出 $Pd/Ce_{0.67}Zr_{0.33}Mn_{2-\delta}$ 型催化剂，对其进行了 X 射线衍射、热重分析等表征，最终的催化试验证明其具有良好的选择性和活性。

3. 铁、钌类催化剂

铁元素在地壳中的毒性较小，丰度较高，铁盐及其配合物来源易得，因而铁具有替代贵金属催化剂的潜力。当铁类催化剂催化端烯与内烯烃时，反应时间短，催化剂选择性高。Bart 等制备了一种吡啶亚胺类铁配合物催化剂，并将该催化剂用于催化 1-庚烯与苯基硅烷的硅氢加成反应，该催化剂在反应中表现出了很好的区域选择性，产物均为反马氏加成产物（图 6-6）[13]。

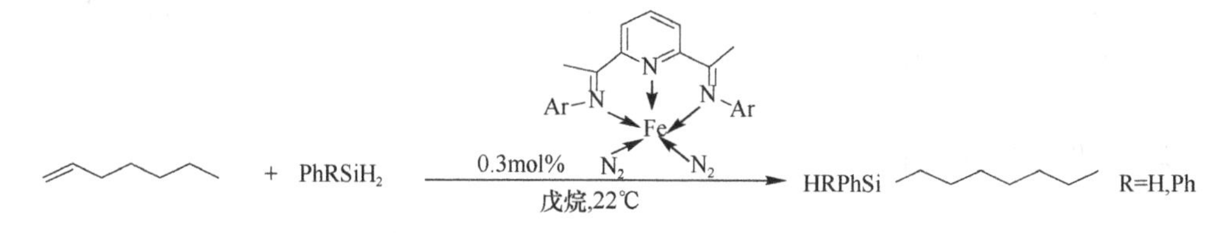

图 6-6 庚烯与苯基硅烷的硅氢加成反应

Ru 类物质在加氢反应中表现出极佳的活性。陈伦刚等发现利用 Ru 脱除费托合成中的含氧物质有非常好的效果，即在一定温度和压强下，醇、醛和酸等含氧物质转化为 C_1～C_6 烷烃的总转化率为 92%。Rankin 等发现，虽然制备钌-η^3-硅烷化合物代替已经合成的亚甲基硅-钌化合物仅仅停留在理论阶段，但可以观察到催化循环过程中的化学当量步骤；同时，他们报道了一种被 $Cp^*Ru(k2\text{-}P, N)^+$ 化合物激活的 Si—H 键与甲基烷基硅作用形成的稳定的$[Ru{=}Si]^+$化合物，该反应过程能在催化循环过程作为活性中间体而被观察到[1]。

4. 钴、铑类催化剂[1,14,15]

$Co_2(CO)_8$催化剂在硅氢加成反应中具有重要的作用，通过对$Co_2(CO)_8$的研究，加深了对过渡金属催化循环的理解。研究表明，$Co_2(CO)_8$催化剂对烯烃、二烯烃、不饱和腈及烯丙基酯具有较高的催化活性。目前已报道的 $CoH(X_2)L_3$、$CoH_2\{Si$

$(OEt)_3\}L_3$ 和 $Co(SiF_3)(CO)_2L_2$(X=H 或者 N，$L=PPh_3$)在单烯烃类物质(比如 1-己烯)的硅氢加成反应中展现出非常好的前景。

铑类催化剂作为高催化活性的硅氢加成反应催化剂已有 40 年的历史，其中 Wilkinson 催化剂 $[RhCl(PPh_3)_3]$为重要的硅氢加成反应催化剂之一。其他铑(Ⅰ)、铑(III)的催化剂如 $RhH(PPh_3)_4$、$RhCl_3(PPh)_3$、$RhCl_3 \cdot 3H_2O$ 和 $Rh(COD)Cl_2$ L (L = PPh_3，t-$Bu_2PCH_2PtBu_2$)也能催化硅氢加成反应。研究者通过 1-辛烯和三乙氧基硅烷作为硅氢加成的模板反应考察了铑(Ⅰ)、铑(Ⅱ)、铑(III)类催化剂的催化活性和选择性。但是，只有 $Rh(CO)_2(Tp)$ [Tp=三(吡唑基)硼酸]的催化活性能可与 Karstedt 催化剂媲美。

5. 金、银和铜类催化剂[1,16]

金和银类催化剂主要催化醛类的硅氢加成反应。纳米级的 Au/CeO_2 主要催化一些不饱和类化合物（如单烯烃）加成反应。

有关铜作为催化剂见于有机硅化学中的报道较少。然而一价铜或者二价铜与四甲基乙二胺组成的盐在丙烯酸甲酯的加成反应中表现出很高的活性和立体选择性，铜和四甲基乙二胺在化学计量上相当接近且并不排斥铜离子。而铜-咪唑类盐主要用于丙酮或者丙烯腈的加成反应中。

6.2.2 非均相催化剂[17]

工业上通过硅氢加成反应合成精细化学品、官能化的有机硅烷和有机硅单体等使用的催化剂常为均相的贵金属催化剂。但若使用均相催化剂，反应结束后在反应混合物中将贵金属催化剂分离出来非常困难，且贵金属残留在体系中还会影响产物的组成及质量，这不仅造成贵金属的浪费，还大大地提高了生产的成本。

近些年来科技的发展给我们带来启示，将催化剂固载化可以解决催化剂的回收问题，因此就产生了一类多相催化剂。活性组分被固载在特定的载体上面，反应物与活性组分在不同相下进行反应，反应完后催化剂可以顺利地从体系中分离，实现催化剂的重复利用。

负载型金属催化剂可以改善金属活性中心的分散度，增大催化剂比表面积，提高催化活性，降低金属用量，不仅降低了催化剂成本，而且在一定程度上改善了催化剂热稳定性，延长了催化剂的寿命。

根据在制备固载型催化剂时使用的载体性能及结构的区别，可大致将载体材料分为无机载体、金属氧化物载体、分子筛载体和有机聚合物载体等，这些物质多数为多孔固体材料，可以增大载体的比表面积。制备过程中需添加含 O、N、S 等供电子基团的配体作为络合剂引入到载体材料表面，进而与活性组分进行配位形成固载型催化剂，研究表明络合剂的引入对改善催化剂的活性有重要作用。

1. 无机载体类催化剂[18]

这类催化剂多以浸渍法制备。炭载体主要以活性炭、氧化石墨和碳纳米管为主。活性炭是被研究较多的催化剂载体，具有比表面积大、机械强度高、化学稳定性以及孔隙结构发达等特点，使催化活性组分得到充分负载。白赢等[19]以浸渍法制备了活性炭负载铂催化剂（Pt/C），并用于催化苯乙烯与三乙氧基硅烷的硅氢加成反应；结果表明：经 15%硝酸处理的活性炭，负载 5%Pt 含量的 Pt/C 催化剂的催化性能最好，β 加成产物选择性在 95%左右，转化率为 100%。通过氧化反应，在石墨上引入羟基、羧基和环氧基等基团得到氧化石墨。以氧化石墨为载体，对其进行改性，嫁接多功能的有机分子，可以实现其与金属配位及锚定等作用。邓圣军等[20]利用二苯基膦改性，并配对负载 Pt，制得了氧化石墨负载铂催化剂，将其用于催化烯烃的硅氢加成反应；结果表明：烯烃的转化率为 94.6%，β 加成产物选择性可达到 99.4%，且催化剂重复使用 4 次，催化活性没有明显失活。碳纳米管是由呈六边形排列的碳原子组成的空心筒，且具有比表面积大、化学稳定性好等优点，可用于负载金属及其他材料，从而制得性能优异的复合材料。赵建波等[21]用壳聚糖改性碳纳米管，再负载络合铂，得到改性纳米管负载铂催化剂，并将其用于催化烯丙基缩水甘油醚的硅氢加成反应；结果表明：该催化剂有良好的催化活性和区域选择性，产率为 70.4%，β 加成产物选择性可达到 100%。

2. 金属氧化物类催化剂[18]

这类催化剂多以浸渍法、溶胶–凝胶法或络合法制备。金属氧化物载体多为二氧化钛、氧化铝、氧化镁及四氧化三铁等。二氧化钛是一种热稳定性好、抗毒性强、活性高的材料，它因与金属间的强作用力，以及酸性可调节效应，被作为新型的催化剂载体。Alonso 等[22]通过浸渍法制得 Pt/TiO_2 催化剂，并用于催化苯乙炔与三乙氧基硅烷的硅氢加成反应；结果表明：该催化剂具有较好的催化活性和选择性，转化率可达到 97%，β 加成产物选择性为 94%。氧化铝具有比表面积大、孔隙结构发达等优点，能减少负载的金属组分颗粒的尺寸，提高活性组分的利用率。萧斌等[23]用 Al_2O_3 负载 Pt，制得 Pt/Al_2O_3 催化剂，并催化苯乙烯的硅氢加成反应；结果表明：转化率为 94.7%，β 加成产物选择性为 100%，没有生成 α 加成产物，且催化剂重复使用 4 次，转化率可达到 92%以上。氧化镁载体是一种表面存在缺陷的纳米材料，它粒径较小且比表面积大，被广泛用于催化领域。

Ramírez-Oliva 等通过浸渍法制备了 Pt/MgO 催化剂，并催化了苯乙炔的硅氢加成反应。四氧化三铁是一类具有生物相容性好、化学性质稳定的磁性纳米材料。Cano 等通过浸渍法制备了负载 Pt 催化剂 PtO-PtO_2/Fe_3O_4，用于催化炔烃的硅氢加成反应，产率可达到99%，催化剂重复使用 10 次，其催化活性没有明显变化。

3. 分子筛类催化剂[18]

分子筛载体多为 4A 沸石分子筛、MCM-41 分子筛和 SBA-15 分子筛。大孔径和厚孔壁的分子筛，因其表面存在大量的硅羟基利于化学嫁接引入活性基团，适合制备负载催化剂。有机化合物改性分子筛主要是通过硅烷偶联剂对载体进行官能化，再固载金属络合物制得。4A 沸石分子筛具有良好热稳定性和离子交换性等性能，其微孔结构均匀，可用作催化剂的良好载体。邓锋杰等[24]以 4A 分子筛负载 Pt 催化剂，并催化乙炔与三乙氧基硅烷的硅氢加成反应；结果表明：当温度为70℃，铂含量为 6.43 μmol/g，产率可达 94.5%，且催化剂重复使用 3 次仍保持较高活性。MCM-41 分子筛具有六方孔道结构，其比表面积大、孔道均匀，是理想的催化剂载体。Ye 等[25]以乙烯基和巯基改性 MCM-41 分子筛，并负载络合 Pt，制得(Pt-SH)-(Pt-Vi)/MCM-41 催化剂，将其用于催化苯乙烯的硅氢加成反应，经重复使用 4 次，该催化剂的催化活性没有明显降低。SBA-15 分子筛是一种孔径较大、孔壁较厚的纳米材料，其具有利于反应物扩散和可提高催化剂的机械强度等优点，可作为良好的载体。李季以 3-氨丙基三乙氧基硅烷改性 SBA-15 分子筛为载体，负载 Pt，得到了 Pt-NH_2/SBA-15 催化剂，将其用于催化 1-癸烯的硅氢加成反应，产率可到 94.1%。

4. 有机聚合物类催化剂[26,27]

这类催化剂常以配合法制备，功能型高分子载体是以 C—C 键（或 Si—O 键）为主链的有机高分子聚合物和含 O、N、P、S、Se 等原子的配位体组成。可用作载体的有机聚合物主要有聚苯乙烯、聚酯、聚酰胺和聚硅氧烷等。由于有机类高聚物的特点，使其固载金属活性体时，不仅具有非均相类催化剂高活性与高选择性特点，同时还兼具均相类催化剂高稳定性和多使用次数的特点[26]。Drake 等[28]制备了一系列比表面积不同的大孔聚苯乙烯树脂，再以这些树脂作载体制备负载铂配合物的催化剂，发现反应可在室温、无须溶剂的条件下顺利完成。含氯硅烷不会导致催化剂失活，催化剂活性与载体比表面积之间存在正相关性。聚硅氧烷是又一性能优良的有机载体，Hilal 等[29]报道了氨化聚硅氧烷负载十羰基二锰（0）催化 1-辛烯与三乙氧基硅烷的硅氢加成制辛基三乙氧基硅烷的方法。与十羰基二锰均相催化硅氢加成反应相比，氨化聚硅氧烷负载十羰基二锰有更好的选择性，反应中未发现烯烃的异构化产物，也未发现脱氢硅烷化产物。反应在 40～70 ℃条件下进行，随着温度升高，反应速度加快，70℃时反应 30 min，硅烷转化率可达 100%。陈和生等[30]采用网状聚合物冠醚负载单齿硫络铂催化剂催化 1-癸烯、十二烯和苯基烯丙醚与 $HSi(OEt)_3$ 的反应，发现催化剂具有良好的催化活性和选择性。

6.3 硅氢加成反应机理

6.3.1 自由基加成反应机理[1]

自由基又称游离基，是指不带电荷、中性单电子的原子或者分子。由于硅–氢键的低键能和低均裂能，使其能在加热、光照射或者加入氧化还原剂的情况下产生自由基。而其加成反应机理可以分为三个步骤：①链的引发，在上述条件下产生自由基；②链的增长，自由基与 C═C 键类物质反应，实现链的增长；③链的终止，链条不能无限增长，最后通过偶联反应失去活性，反应终止。

6.3.2 离子加成反应机理[1]

离子加成反应机理在 Speier 催化剂刚被发现时就引起研究人员极大关注。有研究者在对比 Si—H 与 C═C 的加成反应和 C═C 或者 C≡C 与 HX 的亲电加成反应后，得知两种反应存在许多类似之处。由于 Si 原子与 H 原子相近的电负性，使得人们做出如下猜想：

$$RCH{=}CH_2+HX \longrightarrow RCHXCH_3$$

$$RCH{=}CH_2+SiH \longrightarrow RCH_2CH_2Si$$

但这样的猜想仅仅限于理论上，并未在实际应用得到验证。同时，该猜想也并未解释催化剂在上述的反应中所起到的作用。

还有研究者通过路易斯酸催化环状的烯烃与三烷基氢硅氧烷的反应，并提出了该反应的机理（图 6-7）。反应过程中形成的叔碳阳离子 B 活性中间体，该中间体能很好地解释产物具有良好的立体选择性。

6.3.3 配位加成反应机理[18,31-33]

配位加成反应一般是指由过渡金属催化剂催化硅氢加成反应。配位催化原理主要有三种形式：Chalk-Harrod 机理和改良的 Chalk-Harrod 机理、胶体粒子过渡机理、硅基迁移机理。

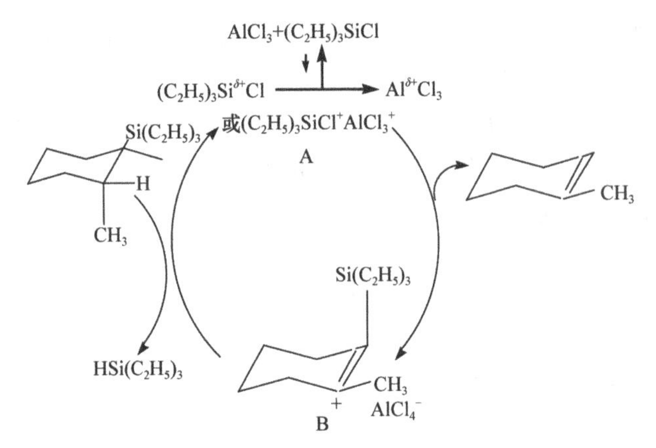

图 6-7 离子加成反应机理

1）Chalk-Harrod 机理和改良的 Chalk-Harrod 机理

Chalk-Harrod 机理是最为常用的、比较系统的关于过渡金属催化剂催化硅氢加成反应的机理，其反应过程主要包括：金属活性组分与含氢硅烷的氧化加成反应；烯烃与金属的配位，形成金属–烯烃配合物；烯烃插入金属-氢键；发生还原消除反应。虽然 Chalk-Harrod 机理能较好地解释金属沉淀现象和异构化现象，但仍有一些现象难以解释，如溶液的颜色变化以及 O_2 所起的催化作用机理。因此，科研工作者提出了改良的 Chalk-Harrod 机理，它的不同之处在于烯烃是插入到金属-硅键中而不是插入到金属-氢键中，见图 6-8。

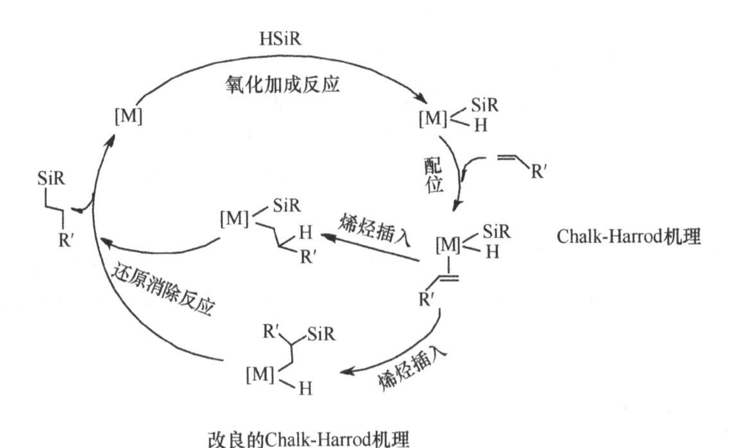

图 6-8 Chalk-Harrod 机理和改良的 Chalk-Harrod 机理

2）胶体粒子过渡机理[18,33]

Lewis 等对催化剂进行了深入研究，通过透射电镜观察硅氢加成反应后的溶液时，发现溶液中存在铂胶体粒子，于是提出了胶体粒子过渡机理。该机理认为：铂胶体是在反应后期还原形成的，真正对硅氢加成反应起催化作用；反应中氧气没有真正消耗，它充当了助催化剂的作用，可以有效增加铂胶体的亲电性，并且防止粒子的团聚，有利于反应的顺利进行；金属催化剂与含 Si—H 键化合物先配位，形成配位体，然后再与烯烃进行反应；胶体催化反应主要是发生在低价态且没有强配位体这类催化剂所催化的硅氢加成反应。铂胶体的催化过程主要为：三乙氧基硅烷将铂还原成铂胶体，与吸附到铂胶体上进行反应，生成亲电体，然后亲核的醇或烯烃进攻亲电体，得到的产物脱离出来，并重新生成铂胶体。胶体粒子过渡机理详见图 6-9。

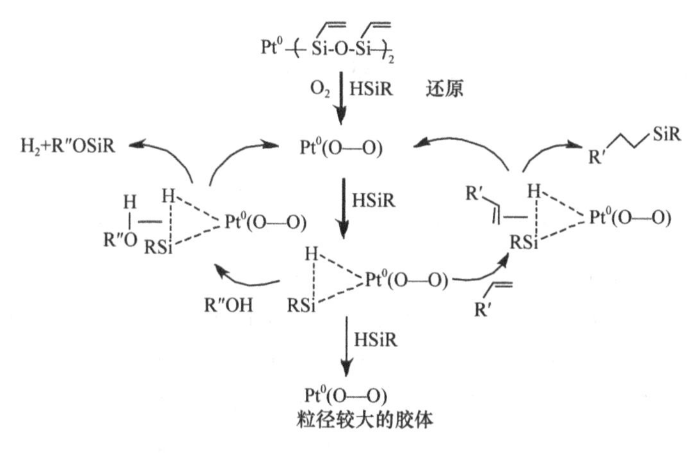

图 6-9　胶体粒子过渡机理

3）硅基迁移机理[18]

硅氢加成反应中除了生成目标产物外，还生成了烷烃和乙烯基硅烷，如以下反应式，这一实验现象不能用 Chalk-Harrod 机理和胶体粒子过渡机理来解释，于是有人提出了硅基迁移机理，此机理能对这一实验现象做出合理的解释，而 Brookhart 等更是为硅基迁移机理提供了实验依据。

$$\mathrm{RSiH+2\ R'CH{=}CH_2 \longrightarrow R'CH{=}CHSiR + CH_3CH_2R'}$$

硅基迁移机理的反应过程如下：金属活性体与含氢硅烷反应，得到的产物再与烯烃反应，形成配合物，得到中间体。中间体按两个途径继续反应：第一种反应得到脱氢硅烷化产物；第二个过程发生消除反应，生成金属二烃配合物和乙烯基硅烷，金属二烃配合物再与烯烃配合，形成烷烃。硅基迁移机理图见图 6-10。

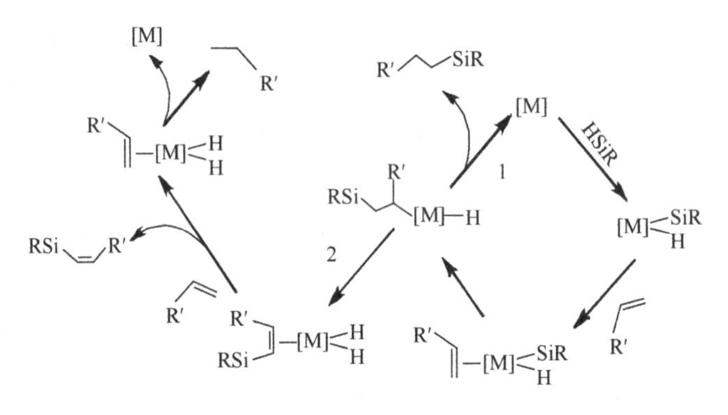

图 6-10 硅基迁移机理

6.4 纳米 Pt/SiO_2 催化剂的制备与结构表征

6.4.1 制备方法

称取 1.3822 g 六水合氯铂酸晶体，溶解于 50 mL 异丙醇溶液中，搅拌均匀后，得到浓度为 0.0464 mol/L 的均相液体铂催化剂。A 溶液：在搅拌下，将 3.75 g 十四胺溶解于 10 mL 无水乙醇中，再缓慢滴加至 3.45 g 蒸馏水中，持续搅拌 30 min；B 溶液：在搅拌下，量取 3 mL 浓度为 0.0464 mol/L 的均相液体铂催化剂和 15 g TEOS 加入到 15 mL 无水乙醇中，持续搅拌 30 min。将 B 溶液缓慢滴加到 A 溶液中，控制滴速为 1 滴/s，滴加完毕后，过夜搅拌，再用 30 mL 无水乙醇萃取 5 h，目的是除去模板剂十四胺。最后，放入 50℃烘箱干燥 24 h，即得 Pt/SiO_2 催化剂，具体操作过程如图 6-11 所示。

图 6-11 Pt/SiO_2 的制备过程

6.4.2　红外光谱分析

图 6-12 是 SiO_2 和 Pt/SiO_2 的红外光谱图，从高波数到低波数依次可以观察到：3436 cm^{-1} 和 1635 cm^{-1} 分别对应是 H_2O 的吸附作用和弯曲振动；1085 cm^{-1} 和 800 cm^{-1} 为硅-氧-硅键的特征振动峰；Pt/SiO_2 红外光谱中，960cm^{-1} 处吸收峰为硅-氧-铂键的弯曲特征振动峰，表明铂已经吸附到了 SiO_2 的孔道内。

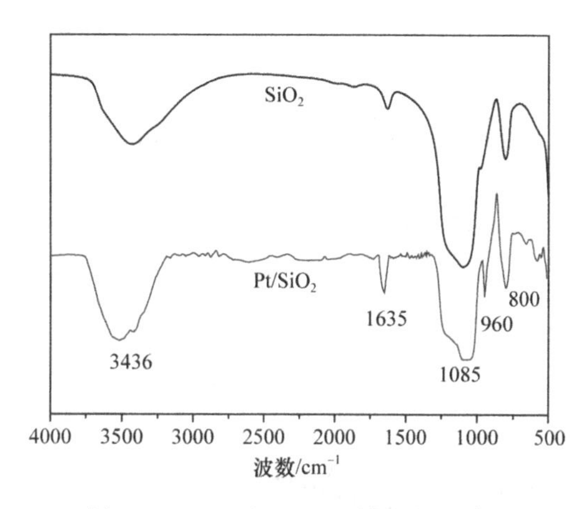

图 6-12　SiO_2 和 Pt/SiO_2 的红外光谱图

6.4.3　紫外–可见光分析

根据 UV-Vis 的吸收原理知，SiO_2 无法被波长范围在 200～1000 nm 的紫外光吸收产生吸收峰。分别对 SiO_2 和 Pt/SiO_2 进行固体紫外光谱表征，结果如图 6-13 所示。从图 6-13 可以看出，在 261 nm 处出现了新的吸收峰，这是由于 Pt 上的 d 空轨道与 SiO_2 的 Si—O 四面体的 O 原子 2p 轨道上的电子发生了键合作用，通过该现象即可说明 Pt 已经负载到 SiO_2 上了。

6.4.4　氮气吸附–脱附分析

图 6-14 是 SiO_2 和 Pt/SiO_2 的 N_2 吸附–脱附图，可以看出两者的曲线是经典的朗缪尔 I 型曲线，该曲线是介孔材料的特征性质属性。从图 6-14 和图 6-15 及表 6-1 知，SiO_2 的平均孔径 d_1=2.1024 nm，而 Pt/SiO_2 的平均孔径变为 d_2= 1.9825 nm。加入 Pt 后 SiO_2 样品孔径变小，Pt 进入到 SiO_2 孔道后使孔道结构发生变化，导致孔道发生塌方或者 Pt 堵塞了孔道，即说明 Pt 已经固载到 SiO_2 上。

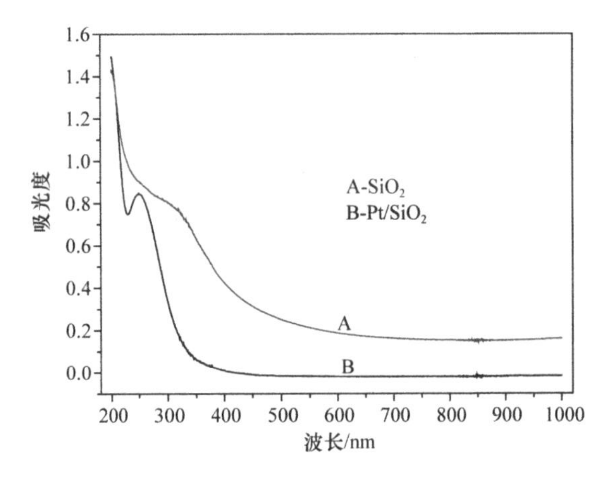

图 6-13　SiO_2 和 Pt/SiO_2 的固体 UV-Vis 图

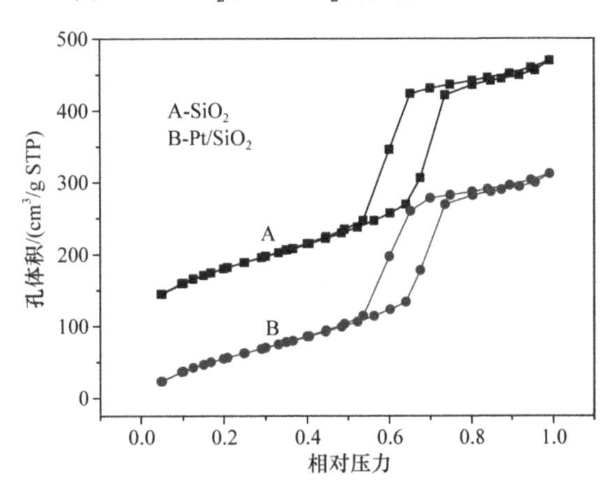

图 6-14　SiO_2 和 Pt/SiO_2 的 N_2 吸附–脱附图

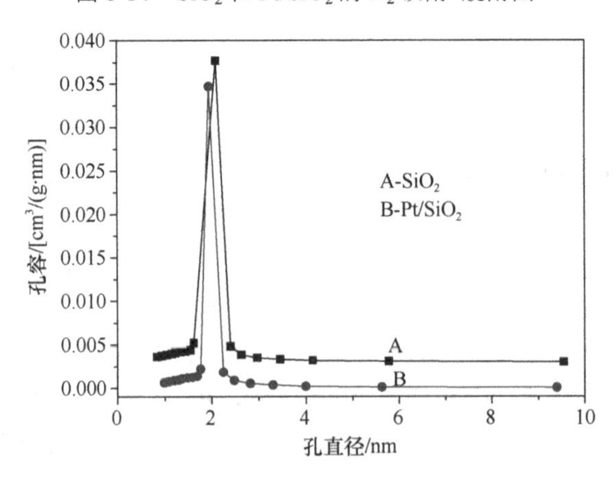

图 6-15　SiO_2 和 Pt/SiO_2 的孔径分布图

表 6-1　SiO_2 和 Pt/SiO_2 的孔径结构参数

试样	比表面积/（m^2/g）	孔径/nm		孔体积/（cm^3/g）
		BJH	ADS	
SiO_2	821.06	2.1155	2.0893	0.89
Pt/SiO_2	498.75	2.0020	1.9630	0.67

6.4.5　XRD 分析

在图 6-16 中，2θ=1.0°处的衍射峰是（100）面，其是具有孔状结构材料的特征属性，图中 SiO_2 和 Pt/SiO_2 谱图均具有该对应面，在 2θ=1.0°～2.0°之间出现（110）面和（200）面，即可说明制备的 SiO_2 具有有序的孔道结构，且还可以说明两者是具有孔状结构的材料。当加入 Pt 到 SiO_2 后会有 Pt 的衍射峰出现，但图 6-16 中 B 曲线未见该峰，可能是因为 Pt 的负载量过低导致无法显示出 Pt 的衍射峰或 Pt 高度分散在 SiO_2 孔道里。

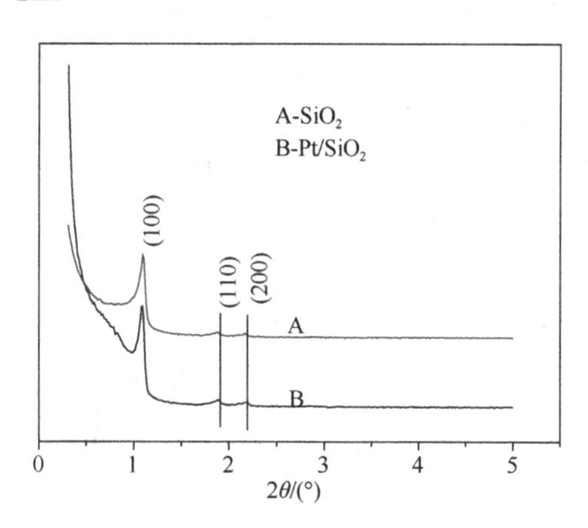

图 6-16　SiO_2 和 Pt/SiO_2 的 XRD 分析图

6.5　Pt/SiO_2 催化合成有机硅增效剂

6.5.1　有机硅增效剂的合成

称取一定质量的 MD^HM 和 0.3 g 铂催化剂，放入到平行反应站的反应釜中，插入温度探针、装好冷凝管、通入氮气，再在计算机上设定一定转速和时间后，升高温度至 80℃保持 30 min，以 3℃/min 的速率升高至反应温度；缓慢滴加聚醚（HDE）至反应釜中，滴加速率控制在 70～80 滴/min；滴加完毕后，在反应温度保温一定时间，待溶液不分层，过滤得催化剂，干燥，备用；溶液冷却至室温，即得有机硅增效剂（HDM）。具体反应方程式如图 6-17 所示。

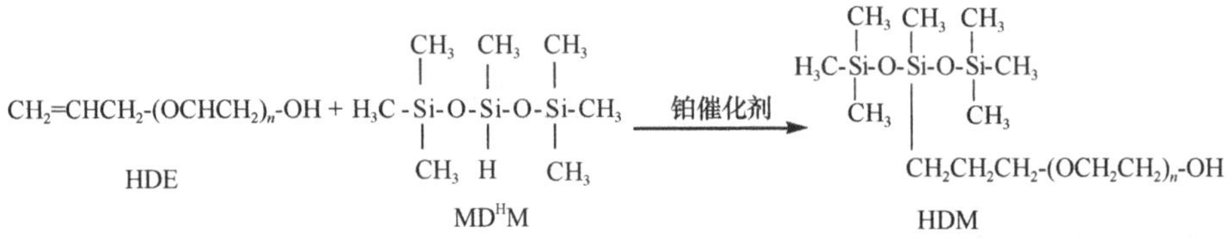

$$\underset{\text{HDE}}{CH_2{=}CHCH_2\text{-}(OCHCH_2)_n\text{-}OH} + \underset{\text{MD}^{\text{H}}\text{M}}{H_3C\text{-}\overset{CH_3}{\underset{CH_3}{Si}}\text{-}O\text{-}\overset{CH_3}{\underset{H}{Si}}\text{-}O\text{-}\overset{CH_3}{\underset{CH_3}{Si}}\text{-}CH_3} \xrightarrow{\text{铂催化剂}} \underset{\text{HDM}}{H_3C\text{-}\overset{CH_3}{\underset{CH_3}{Si}}\text{-}O\text{-}\overset{CH_3}{\underset{CH_2CH_2CH_2\text{-}(OCH_2CH_2)_n\text{-}OH}{Si}}\text{-}O\text{-}\overset{CH_3}{\underset{CH_3}{Si}}\text{-}CH_3}$$

图 6-17　MD^HM 与 HDE 的反应方程式

6.5.2　红外光谱分析

从光谱图（图 6-18）a 和 b 中可看出，2153 cm^{-1} 和 1646 cm^{-1} 处的吸收峰分别属于反应物 MD^HM 的 Si—H 和 HDE 的 C═C 键的特征吸收峰；而通过硅氢加成反应机理可知，加成反应之后，催化产物中不存在硅氢键和碳碳双键。在光谱图 c 中，硅氢键和碳碳双键基本消失，说明产物中已无中间体 MD^HM；但还可以观察到在 1646 cm^{-1} 处有微小的吸收峰，说明产物中还有微量 HDE 存在，但是根据相关文献可知：微量聚醚（HDE）对 HDM 的表面活性几乎无任何影响。通过对比 Silwet 的红外光谱图可以看出，产物 HDM 谱图与 Silwet 谱图基本保持一致，故初步判断合成的产物是我们所需要的目标产物。

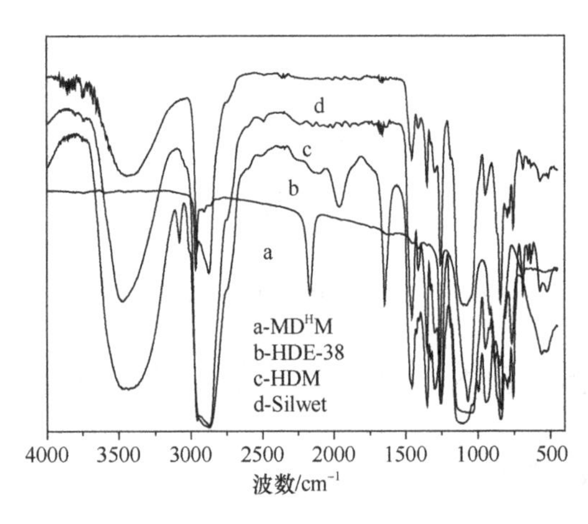

图 6-18　MD^HM、HDE、HDM 和参照品 Silwet 的红外光谱图

6.5.3　^1H NMR 分析

根据图 6-19（a）可知，化学位移 δ_1=0.130、δ_7=4.628 分别为 CH_3—Si—和

H—Si—的质子峰，可以确定该化合物为中间体七甲基三硅氧烷；在图 6-19（b）中，δ_4=2.543、δ_6=3660 和 δ_8=5.295 分别为羟基 HO—、—$[CH_2CH_2O]_n$—和 CH_2═$CHCH_2$—的质子峰，从而可以确定该化合物为反应物 HDE；在图 6-19（c）中，分别出现 δ_1、δ_3、δ_4 和 δ_6 四个化学位移，而并未出现 δ_7 和 δ_8，即两者反应物已经反应完全，但还有 δ_4，说明产物中仍然存在有羟基基团；对比图 6-19（c）和图 6-19（d）

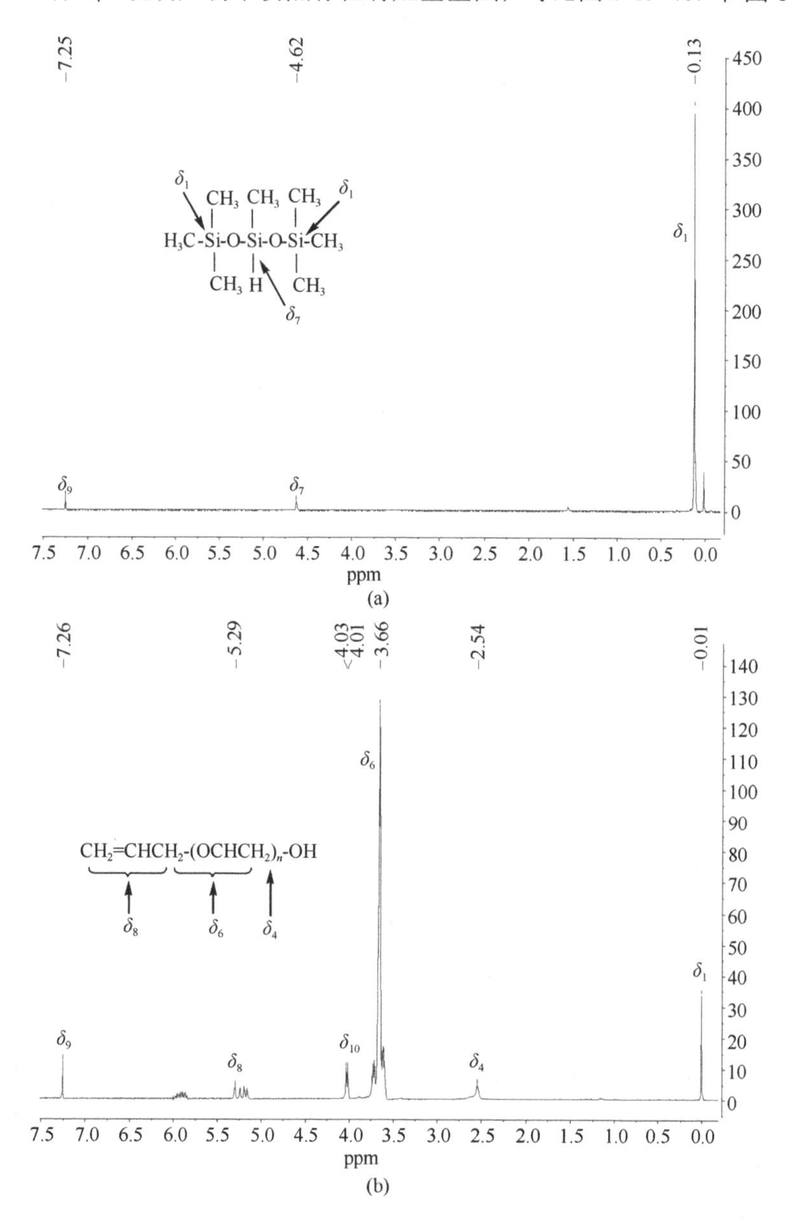

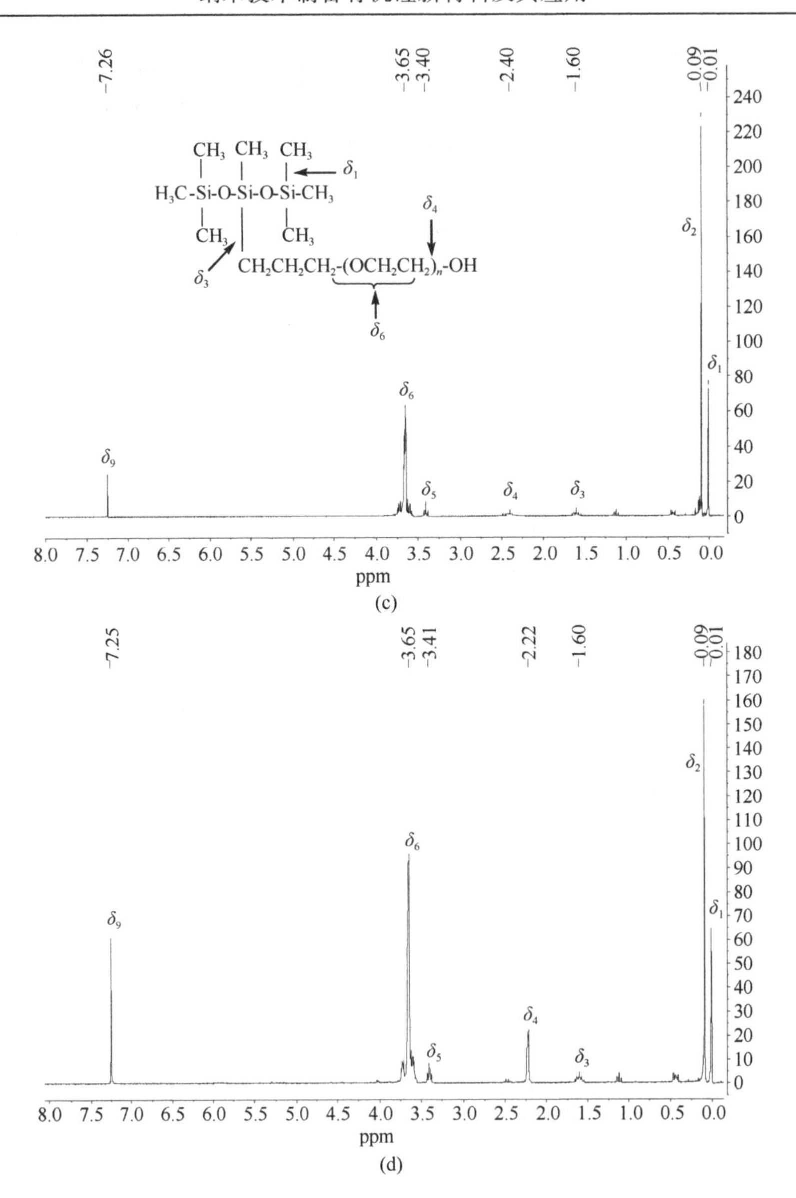

图 6-19　反应原料 MD^HM（a）、HDE（b）、催化产物 HDM（c）和参比物 Silwet（d）的核磁共振氢谱图

可以看出，都出现有 CH_3O—基团的化学位移 δ_5，这可能是由于少量 HDE 与催化剂发生了异构化反应，但综合图 6-19（a）～（d），可以判断已经合成出所需的目标产物 HDM。

6.5.4　反应温度对 MD^HM 转化率的影响

在 n（HDE）∶n（MD^HM）=1.0∶1，Pt/SiO_2 催化剂用量为 0.3 g，反应时间为 3 h 的条件下，考察反应温度对七甲基三硅氧烷的转化率的影响，结果如图 6-20 所示。在 30～180 min 时间区间内 MD^HM 转化程度都呈现递增趋势；当 $T_{反应}$= 105℃，反应 3.0 h 时，MD^HM 转化率达到 95.2%；而当 $T_{反应}$=100℃，反应 3 h 时，MD^HM 转化率与温度为 105℃时的转化率相当，出于绿色化学节能的考虑，故选择最优温度为 100℃。

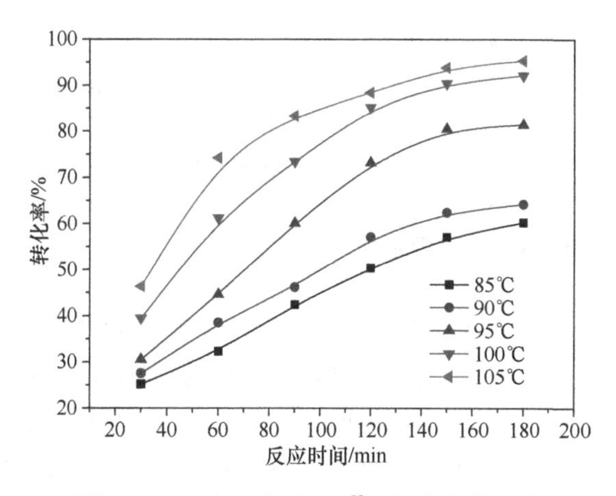

图 6-20　反应温度对 MD^HM 转化率的影响

6.5.5　反应物摩尔比对 MD^HM 转化率的影响

在反应温度为 100℃，Pt/SiO_2 催化剂用量为 0.3 g，反应时间为 3 h 的条件下，考察反应物摩尔比对七甲基三硅氧烷的转化率的影响，结果如图 6-21 所示。在 3 h 的反应时间内和五个物料比之下，MD^HM 转化率均呈现出一个增加的趋势。在 n（HDE）∶n（MD^HM）=0.8∶1 时，MD^HM 转化率在 30～90 min 内变化不大，在 90～120 min 时呈现一个急速增加的过程，由此可知反应诱导期为 90 min；当增加 HDE 的量至比值到 0.9 时，诱导期缩短为 60 min；当 n（HDE）∶n（MD^HM）= 1.0∶1 时，诱导期提前至 30～60 min 内，由此可知该物料比下的诱导期缩为 30 min；由此推断 HDE 络合 Pt 形成络合物中间体是反应的决定步骤。继续增加 HDE 至 n（HDE）∶n（MD^HM）=1.1∶1 和 1.2∶1 时，诱导期低于 30 min，但 MD^HM 转化率与 n（HDE）∶n（MD^HM）=1.0∶1 时的转化率相当，因为随着 HDE 的增加，加速了络合物中间体的形成，缩短了反应诱导期，综合分析，选择最佳物质的量比为 1.0∶1。

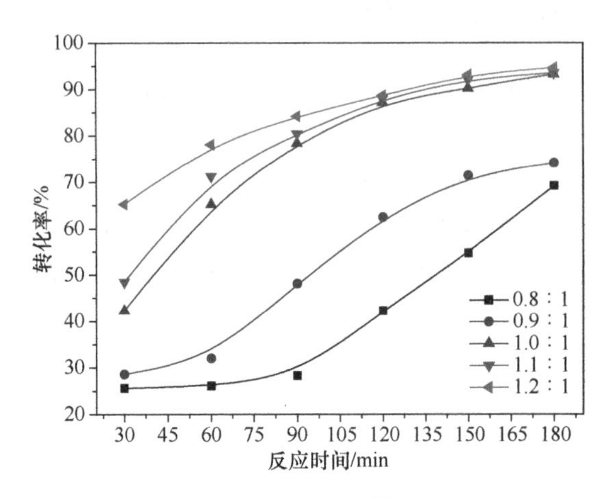

图 6-21　反应物摩尔比对 MD^HM 转化率的影响

6.5.6　铂总量对 MD^HM 转化率的影响

在 n（HDE）∶n（MD^HM）为 1.0∶1，反应温度为 100℃，反应时间为 3 h 的条件下，考察铂含量对七甲基三硅氧烷的转化率的影响，结果如图 6-22 所示。在图 6-22 中，总体的变化趋势都与铂总量呈现递增的正比关系。当用量在 12.124 ppm 和 13.153 ppm 时，MD^HM 转化率接近且都是在 80%左右；铂含量在 14.232 ppm 时，MD^HM 转化率出现一个突然变大的趋势，这是因为铂的量增加，加大了与反应液融合的面积，融合足够充分，能较快形成中间体，导致加大了 MD^HM 转化程度；

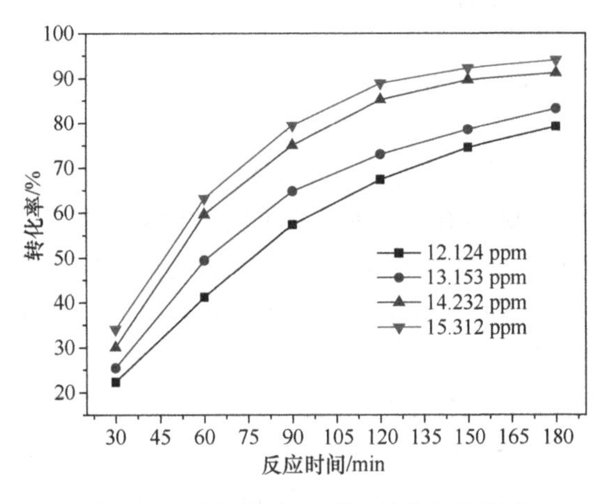

图 6-22　铂总量对 MD^HM 转化率的影响

但继续增加用量至 15.312 ppm 时，转化程度与铂总量在 14.232 ppm 时的相当，且产物液开始出现发黄现象，这可能是因为在 100℃下 15.312 ppm 的铂用量过多，导致 Pt 脱离了孔道游离到反应液中，影响了产物液各项指标性能。从绿色经济化学角度，选择最优铂总量比为 14.232 ppm。

6.5.7　反应时间对 MD^HM 转化率的影响

在 n（HDE）∶n（MD^HM）为 1.0∶1，反应温度为 100℃，铂总量为 14.232 ppm 的条件下，考察反应时间对七甲基三硅氧烷的转化率的影响，结果如图 6-23 所示。在图 6-23 中，在 0.5～2.5 h 内，反应时间与 MD^HM 的转化程度呈现正比例关系，可能是在 n（HDE）∶n（MD^HM）=1.0∶1、铂总量为 14.232 ppm 和 $T_{反应}$=100℃的三个最优条件下，反应所需要的活化能量得到了充分供给，形成反应中间体的时间缩短，从而加大 MD^HM 的转化程度，该过程是一个 MD^HM 低转化率向高转化率过渡的过程；而在 2.5～3.0 h 内，MD^HM 的转化程度的增幅减缓，混合液颜色开始发黄且逐渐有细的颗粒析出，这是由于在 100℃作用下，铂从催化剂中逐渐析出，催化性能降低；3.0～4.0 h 内，MD^HM 的转化程度趋于一个稳定值，这是由于在这段时间区间内，与铂形成络合物的 C═C 的量趋于一个最优值，延长时间并不能起到增加 MD^HM 转化的量，即反应至 3.5 h 和 4.0 h 时的 MD^HM 转化率与 3.0 h 的转化率相差无几，故选定时间最优值为 3.0 h。

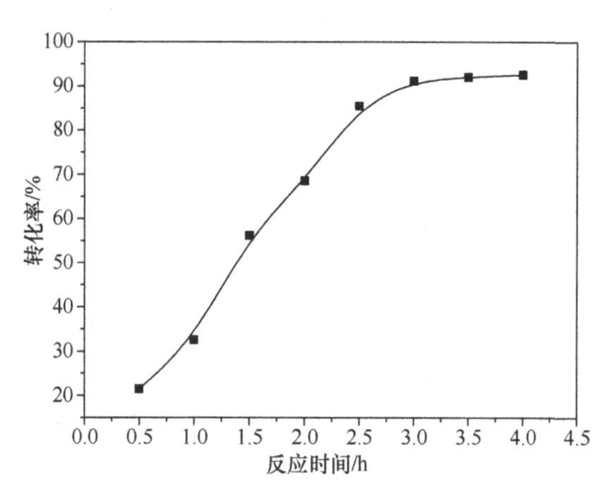

图 6-23　反应时间对 MD^HM 转化率的影响

6.5.8　铂的不同络合方式对 MD^HM 转化率的影响

在最优工艺条件下，分别用了三种不同的络合方式测试对 MD^HM 转化率的影响。方式A，先将Pt/SiO_2与MD^HM混合，反应30 min后，滴入HDE反应3.0 h；方式B，先将Pt/SiO_2与HDE混合，反应30 min后，滴入MD^HM反应3.0 h；方式C，将Pt/SiO_2、MD^HM和HDE同时混合，反应3.0 h；结果如图6-24所示。在图6-24中，由方式B的结果可知，MD^HM的转化程度的突增发生在1.0～1.5 h之间，即可说明在该投入原料的顺序下的反应诱导时间为1.0 h。显然，在方式A和方式C下MD^HM的转化程度的突增发生在0.5～1.0 h之间，诱导时间延后了0.5 h。这一现象可以进一步说明Pt是与C═C作用形成中间体络合物，也可以解释为诱导期大概是Pt与C═C作用生成反应过渡态的过程，说明Pt的不同络合方式对MD^HM转化率有不同影响。

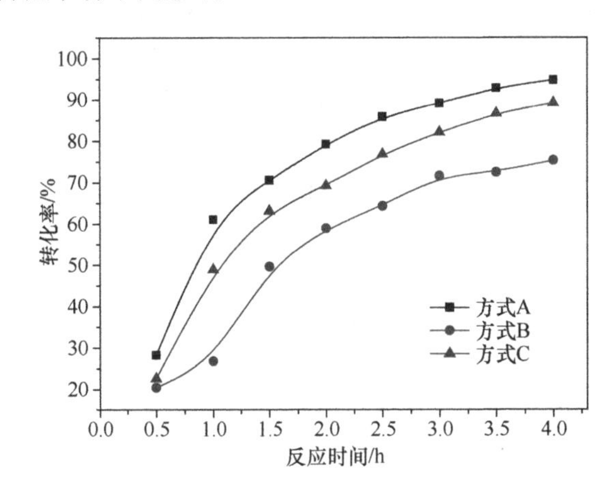

图6-24　铂的不同络合方式对MD^HM转化率的影响

6.5.9　Pt/SiO_2的稳定性评价

为验证起到催化效果的是SiO_2孔道里面的Pt还是脱离SiO_2孔道里的Pt胶体，在最优反应条件下，将Pt/SiO_2加入到MD^HM中，再于活化温度下持续搅拌24 h，抽滤得到Pt/SiO_2后，于100℃向所得到的澄清液中加入HDE，反应3.0 h。结果表明，产物出现明显的分层，且经气相色谱和红外光谱分析得知，混合液中并未出现产物，即两种反应物在该情形下并未反应，故可推断，Pt并未从SiO_2孔道里脱离出来或者脱离出极少量Pt，排除了后者的可能性。可以判断出起作用的是吸附在载体SiO_2孔道里的Pt。

6.5.10　Pt/SiO_2的回收利用评价

在最优工艺条件下，完成一次加成反应后，从混合液中抽滤得Pt/SiO_2催化剂，在相同条件下，继续投入到另一个新的反应中，测试 Pt/SiO_2 的重复使用次数，结果如图 6-25 所示。在图 6-25 中，Pt/SiO_2 重复使用 3 次，MD^HM 转化率变化不明显，保持在 90%以上，从第 4 次开始下降，当使用到第 7 次时，MD^HM 转化率明显下降，但仍然保持在 80%以上。由相关文献可知，Pt 是通过与 SiO_2 之间的分子作用力吸附在一起；而重复使用 7 次后，MD^HM 转化率明显下降，可能是分子间的作用力遭到破坏，Pt 从 SiO_2 孔道脱离出来，导致 MD^HM 转化率下降，可推断催化剂有良好的重复使用效果。

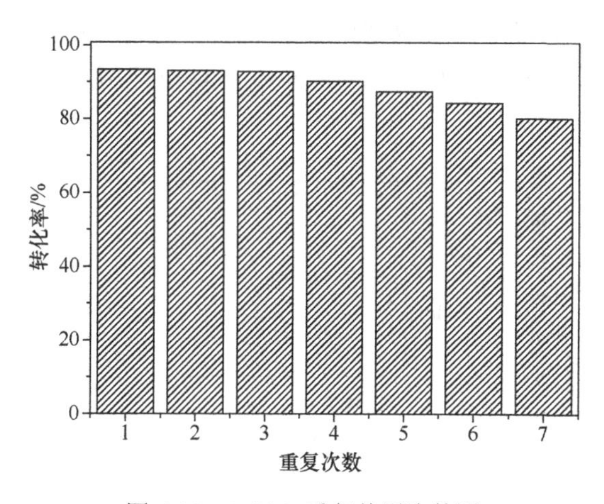

图 6-25　Pt/SiO_2 重复使用次数图

6.6　有机硅增效剂的性能

6.6.1　各指标参数测试

在温度为 25℃，最优条件下测得产物的性能，结果如表 6-2 所示。

表 6-2　本实验产物与参比样 Silwet 各项性能测试对比

测试项目	本实验产物 HDM	Silwet
样貌	透明	透明
接触角/(°)	13.00	14.00
动力黏度/(mPa/m)	63.3	66.2
运动黏度/(mm^2/s)	32.962	34.325
CMC/(mol/L)	6.21×10^{-4}	6.46×10^{-4}
γ_{CMC}/(mN/m)	21.2	22.5
折射率	1.656	1.594
浊点/℃	浑浊	浑浊
HLB 值	14.442	14.459

6.6.2　临界胶束浓度

图 6-26 是产物浓度的对数与表面张力的关系图，拐点即为产物溶液的 CMC 值，为 6.21×10^{-4} mol/L，该值对应的即为产物溶液的表面张力 γ_{CMC}=21.2 mN/m，性能优于带羟基的增效剂。究其原因：由于—[Si—O—Si]$_n$—链段良好的伸缩性，使其与—CH_3 相连接时处于最低能量的稳定状态，从而形成一个稳定而紧密的“伞形”分子结构，能有效地附着在界面上。但—CH_2—是带羟基增效剂的疏水基，其能量明显高于 CH_3—的能量，导致该种增效剂分子能量处于较高状态。

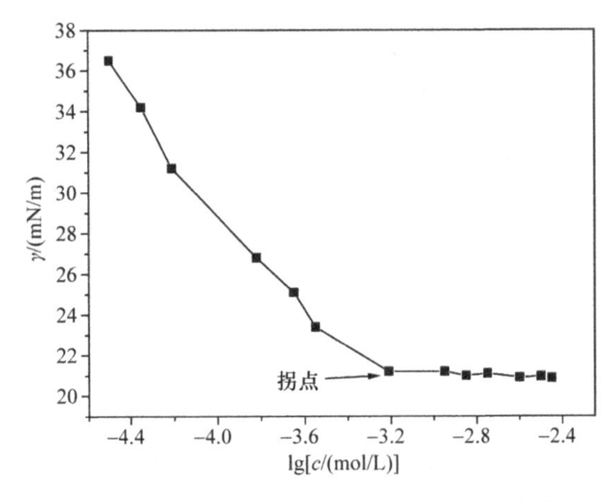

图 6-26　产物浓度的对数与表面张力的关系

6.6.3　水解性能测试

在室温下，分别测试 pH=3、pH=7 和 pH=11 的 0.1wt%产物水溶液表面张力，依据不同时间溶液表面张力变化趋势判定其水解能力，以 Silwet 作参比，结果如图 6-27～图 6-29 所示。

由图 6-27 知，本实验产物 HDM 与 Silwet 在 pH=3 下不耐水解，两者的表面张力随时间变化较快，静置一个月即达到 50 mN/m，亦即说明两者在酸性环境下的稳定性较差。究其原因，硅氧烷物质与水分子的结合程度决定了其水解性能的好坏，而该类物质在酸存在的情况下，极易与酸性水分子结合，发生水解反应或者歧化反应，从而降低或者使硅氧烷物质完全损失掉其活性。

由图 6-28 知，本实验产物 HDM 与 Silwet 在 pH=7 条件下，第一个月时间内的表面张力变化幅度很小，基本维持在 21～24 mN/m 之间；在第二个月时间内，增幅较大，而在第 90 天表面张力维持在 30 mN/m 左右。对比酸性和碱性环境，这两种硅氧烷物质能稳定存在中性环境中。

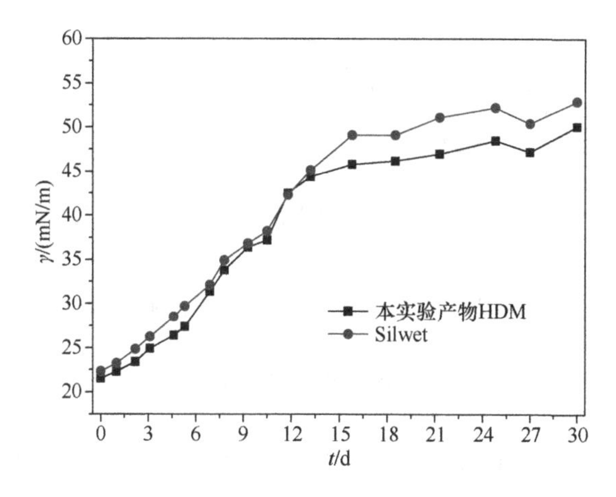

图 6-27　酸性环境（pH=3）下 γ 与 t 关系

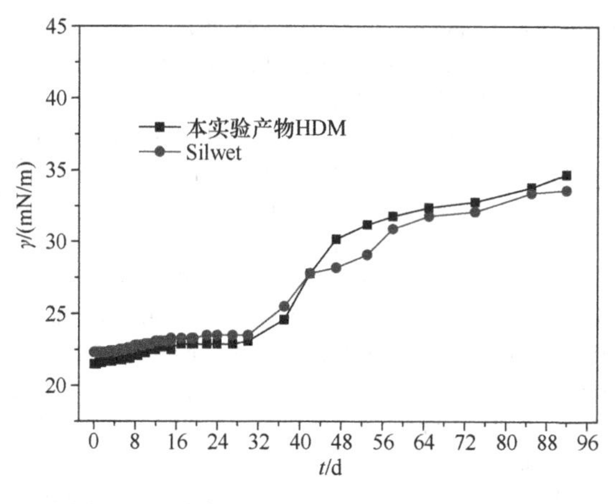

图 6-28　中性环境（pH=7）下 γ 与 t 关系

由图 6-29 知，本实验产物 HDM 与 Silwet 在 pH=11 条件下，一个月时间内的表面张力变化幅度很小，基本维持在 21～28 mN/m 之间；但一个月之后，两者的表面张力增幅加大，Silwet 增幅快于本实验产物 HDM 增幅。可判断，前一个月，两者存在于碱性环境耐水解能力较强，且 HDM 优于 Silwet。究其原因，是该类物质在碱性环境下，极易与碱性水分子结合，发生水解反应或者歧化反应，从而降低或者使硅氧烷物质完全损失掉其活性。

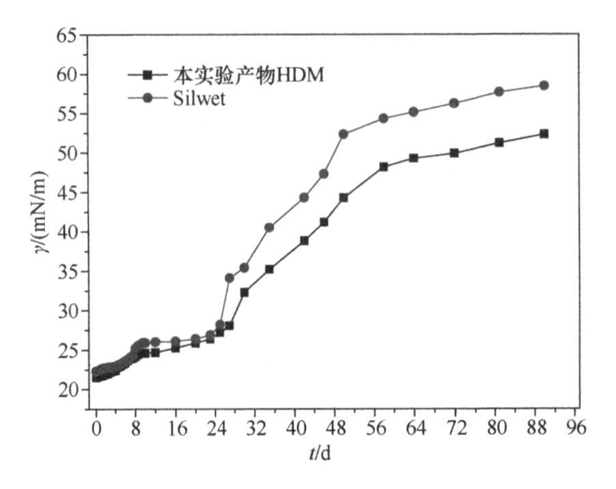

图 6-29　碱性环境（pH=11）下 γ 与 t 关系

参 考 文 献

[1] 张蔚欣. Pt/SiO_2 和 Pt/SiO_2/CS 催化剂制备及在硅氢加成反应中的应用[D]. 广州: 仲恺农业工程学院, 2015.

[2] Snow S A, Fentonw N, Owenm J. Synthesis and characterization of zwitterionic silicone sulfobetaine surfactants[J]. Langmuir, 1989, (6): 385-391.

[3] Karstedt B D, Scotia N Y. Platinum complexes of unsaturated siloxanes and platinum containing organopolysiloxanes[P]. US Pat 3775452, 1973.

[4] Pionteck E, Sadhu V B, Jakisch L, et al. Crosslinkable coupling agents: Synthesis and use for modification of interfaces in polymer blends[J]. Polymer, 2009, (46)17: 6563-6574.

[5] Giorgi G, De Angelis F, Re N, et al. A density functional study on the Pt(0) catalyzed hydrosilylation of ethylene[J]. Moletular Struthure (The chem), 2003, 623: 277-288.

[6] Michalska Z M, Rogalski L, Rózga-Wigas K, et al. Synthesis and catalytic activity of the transition metal complex catalysts supported on the branched functionalized polysiloxanes grafted on silica[J]. Journal of Molecular Catalysis A: Chemical, 2004, 208: 187-191.

[7] Buisine O, Berthon-Gelloz G, Briere J F. Second generation *N*-heterocyclic carbine-Pt(0) complexes as efficient catalysts for the hydrosilylation of alkenes[J]. Chemical Communications, 2005, 35(25): 3856-3858.

[8] Berthon-Gelloz G, Marko I E. Efficient and selective hydrosilylation of alkenes and alkynes catalyzed by novel *N*-heterocyclic carbene Pt(0) complexes[J]. N-Heterocyclic Carbenes in Synthesis, 2006: 119-161.

[9] 陈诵英, 王琴. 固体催化剂制备原理与技术[M]. 北京: 化学工业出版社, 2012: 26-30.

[10] 萧斌, 李凤仪, 戴延凤. 硅氢加成反应催化剂研究进展[J]. 化工新型材料, 2005, 10: 49-54.

[11] 张凤, 刘祥华, 刘玮, 等. 钯-单膦催化剂在烯烃不对称硅氢化反应中的应用[J]. 有机化学, 2017, 37: 2555-2568.

[12] Zhao B, Wang Q Y, Li G F. Effect of rare earth (La, Nd, Pr, Sm and Y) on the performance of Pd/$Ce_{0.67}Zr_{0.33}M_{2-\delta}$ three-way catalysts[J]. Journal of Environment Chemical Engineering, 2013, 1(3): 534-543.

[13] Bart S C, Lobkovsky E, Chirik P J. Preparation and molecular and electronic structures of iron (0) dinitrogen and silane complexes and their application to catalytic hydrogenation and hydrosilation[J]. Journal of the American Chemical Society, 2004, 126(42): 13794-13807.

[14] Tanke R S, Crabtree R H. Unusual activity and selectivity in alkyne hydrosilylation with an iridium catalyst stabilized by an oxygen-donor ligand[J]. Journal of the American Chemical Society, 1990, 112(22): 7984-7989.

[15] Brookhart M, Grant B E. Mechanism of a cobalt(III)-catalyzed olefin hydrosilation reaction: Direct evidence for a silyl migration pathway[J]. Journal of the American Chemical Society, 1993, 115: 2151-2156.

[16] Diez-Gonzalez S, Nolan S P. Copper, silver and gold complexes in hydrosilylation reactions[J]. Accounts of Chemical Research, 2008, 41(2): 349-353.

[17] 任丽洁. SiO$_2$、PAM 及尼龙 66 固载铂催化剂的制备及其催化硅氢加成反应的研究[D]. 青岛: 中国海洋大学, 2013.

[18] 谢慧琳. 负载型 Pt-Al/MCM-41 催化剂的制备及催化硅氢加成反应[D]. 广州: 仲恺农业工程学院, 2017.

[19] 白赢, 彭家建, 厉嘉云, 等. Pt/C 催化剂制备工艺对硅氢加成催化性能的影响[J]. 有机硅材料, 2008,(4): 194-197.

[20] 邓圣军, 郑强, 饶福原, 等. 二苯基膦功能化氧化石墨固载铂催化剂的制备及其催化烯烃硅氢加成性能[J]. 无机化学学报, 2015, 31(6): 1085-1090.

[21] 赵建波, 孙雨安, 刘应凡, 等. 碳纳米管负载壳聚糖络合铂配合物的制备及其催化硅氢加成性能[J]. 日用化学工业, 2010, 40(6): 427-431.

[22] Alonso F, Buitrago R, Moglie Y, et al. Selective hydrosilylation of 1, 3-diynes catalyzed by titania-supported platinum[J]. Organometallics, 2012, 31(6): 2336-2342.

[23] 萧斌. 固载铂催化剂催化烯烃硅氢加成反应[D]. 江西: 南昌大学, 2006.

[24] 邓锋杰, 徐少华, 温远庆, 等. 4A 分子筛固载铂催化剂催化乙炔硅氢加成反应[J]. 化工进展, 2008, (1): 112-115.

[25] Ye Z, Shi H, Shen H. Synthesis of MCM-41-supported mercapto and vinyl platinum complex catalyst for hydrosilylation[J]. Phosphorus, Sulfur, and Silicon and the Related Elements, 2015, 190(10): 1621-1631.

[26] 黄世强, 孙争光, 彭慧. 高分子金属催化剂及其在硅氢加成反应中的应用[J]. 有机硅材料及应用, 1999, 2: 24-28.

[27] 姚红, 张文超, 韩庆文, 等. 硅氢加成催化剂固载化的研究进展[J]. 化工中间体, 2013, 10(7): 11-16.

[28] Drake R, Dunn R, Sherrington D C. Polymethacrylate and polystyrene-based resin-supported Pt catalysts in room temperature, solvent-less, oct-l-ene hydrosilylations using trichlorosilane and methyldichlorosilane[J]. Journal of Molecular Catalysis A: Chemical, 2001, (177): 49-69.

[29] Hilal H S, Suleiman M A, Jondi W J, et al. Poly(siloxane)-supported decacarbonyldimanganese(0) catalyst for terminal olefin hydrosilylation reactions: The effect of the support on the catalyst selectivity, activity and stability[J]. Journal of Molecular Catalysis A: Chemical, 1991, (44): 47-59.

[30] 陈和生, 薛理辉. 新型网状聚合物冠醚负载单齿硫络铂催化剂的研究[J]. 化学世界, 1995, 12: 644-647.

[31] 戴延凤, 李凤仪. 不饱和烃硅氢加成催化剂固载化研究进展[J]. 化学试剂, 2005, (9): 525-530.

[32] Gigler P, Drees M, Riener K, et al. Mechanistic insights into the hydrosilylation of allyl compounds: Evidence for different coexisting reaction pathways[J]. Journal of Catalysis, 2012, 295: 1-14.

[33] Lewis N, Lewis N. Platinum-catalyzed hydrosilylation-colloid formation as the essential step[J]. Journal of the American Chemical Society, 1986, (108): 7228-7231.

第7章　Pt/CS-SiO_2催化剂的制备及其催化合成有机硅增效剂

7.1　壳聚糖的结构与性质

7.1.1　壳聚糖的结构

壳聚糖（chitosan，CS）是甲壳素（chitin）经脱乙酰化处理后的产物，即脱乙酰基甲壳素。学名聚氨基葡萄糖，又称可溶性甲壳质，化学名称为(1,4)聚-2-氨基-2-脱氧-β-D-葡聚糖，别称甲壳胺，是由 *N*-乙酰-D-氨基葡萄糖单体通过 β-1,4-糖苷键连接起来的直链状高分子化合物[1]。

分子结构式：

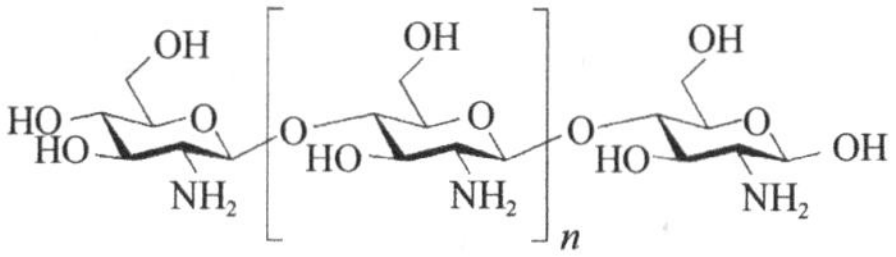

7.1.2　壳聚糖的性质

壳聚糖的外观是白色或淡黄色半透明片状固体，略有珍珠光泽。壳聚糖可溶于大多数稀酸，如盐酸、醋酸、乳酸、苯甲酸、甲酸等酸性溶液中，这是其最主要、最有用的性质之一。壳聚糖不溶于水及碱溶液中，也不溶于硫酸和磷酸，因此在应用时应选择合适的酸使其溶解[2]。

壳聚糖在密闭干燥容器中保存，在常温下 3 年内不变质；吸湿或遇水引起分解反应；温度升高会加速分解反应；在干燥状态下，高温也会引起分解反应，但分解速度缓慢。在 100 ℃的盐酸溶液中完全水解为氨基葡糖，而在比较温和的条件下则水解为氨基葡糖、壳二糖、壳三糖等低分子量多糖[2]。

壳聚糖的主要质量指标是黏度，不同黏度的产品有不同的用途。目前国内外根据产品黏度不同分为三大类：①高黏度壳聚糖，1%壳聚糖溶于 1%醋酸水溶液中，黏度大于 1000 mPa·s；②中等黏度壳聚糖，1%壳聚糖溶于 1%醋酸水溶液中，黏度在 100～200 mPa·s；③低黏度壳聚糖，2%壳聚糖溶于 2%醋酸水溶液中，黏度为 20～50 mPa·s[2]。

壳聚糖具有良好的保湿性、润湿性，并能防止产生静电；它无毒、无害、对皮肤及眼黏膜无刺激，易于生物降解。壳聚糖含有游离氨基，能与稀酸结合生成胺盐而溶于稀酸[2]。

由于分子中 C_2 位上的氨基反应活性大于—OH，易发生化学反应，使壳聚糖可在较温和的条件下进行多种化学修饰，形成不同结构和不同性能的衍生物。通过酰化、羟基化、氰化、醚化、烷基化、酯化、酰亚胺化、叠氮化、成盐、螯合、水解、氧化、卤化、接枝与交联等反应，可制备壳聚糖衍生物[1]。

7.2　壳聚糖的制备[1]

7.2.1　从虾壳、蟹壳中提取壳聚糖

将甲壳素脱去 55%以上的乙醛基，就成为壳聚糖。甲壳素广泛存在于蟹壳、虾壳和节肢动物的外壳中，以及低等植物如菌、藻类的细胞壁中。自然界每年生物合成的甲壳素有数十亿吨之多，所以甲壳素是一种丰富的自然资源。提取壳聚糖通常以虾壳、蟹壳为原料，虾壳中含量为 20%～25%，蟹壳中含量为 15%～18%，一般工艺流程为：

$$\text{虾壳、蟹壳清洗成净壳}\xrightarrow[\text{脱蛋白}]{4\%\sim6\%\ \mathrm{HCl}}\text{粗甲壳质}\xrightarrow[\text{浸泡1 h，漂白}]{0.5\%\ \mathrm{KMnO_4}}\text{水洗}$$

$$\xrightarrow[\text{60～70℃，30 min 水洗，干燥}]{1\%\text{苯酸}}\text{脱乙酰基甲壳质}\xrightarrow[\text{140℃，1 h}]{5\%\ \mathrm{NaOH}}\text{白色壳聚糖}$$

7.2.2　从菌丝体中提取壳聚糖

壳聚糖通常是从虾、蟹壳中提取的，但由于原料的不稳定性使壳聚糖的产量和质量受到影响，而且生产成本较高（7 万～8 万元/吨）。因此，从 20 世纪 80 年代后期，日本和美国先后开始研究用微生物发酵的方法生产壳聚糖。从菌丝体中提取壳聚糖，其一般的工艺流程如下：

$$\text{菌丝体}\xrightarrow[\text{6 h，过滤}]{\mathrm{NaOH}}\text{滤饼}\xrightarrow[\text{过滤、离心}]{\text{酸处理}}\text{湿壳聚糖}\xrightarrow{\text{干燥}}\text{壳聚糖产品}$$

此工艺一般需要用 7% NaOH 处理 5 h，在 140℃下用 35% NaOH 处理 1 h，最后在 100℃下用 5% HAC 处理 5 h。由于 NaOH 的用量太大，提取时间过长，需

要增加后处理工艺。从经济角度讲，培养菌丝体要求高、控制严格，造成提取的壳聚糖成本过高。抗生素厂、柠檬酸厂发酵后的废菌丝体（国内仅废弃青霉菌丝体每年就多达几十万吨）含水量高达 85%，在高温条件下发酵产生难闻的气味，长期储存菌体自溶产生大量污水，造成严重的环境污染。

7.3　壳聚糖的应用

由于壳聚糖分子中有大量游离氨的存在，其溶解性大大优于甲壳素，兼具有甲壳素的天然、无毒、生物相容性好与易于降解等优点，所以壳聚糖有良好的经济应用价值。科研工作者对壳聚糖的研究十分活跃，其应用领域也不断拓宽。壳聚糖可制成膜应用于水果保鲜膜等方面，还可以作为絮凝剂、纤维、液晶、催化剂、吸附剂，以及应用于医药方面[3]。

7.3.1　在食品中的应用

涂层处理是果蔬的一种简便、经济且有效的保鲜手段。壳聚糖用作保鲜剂主要是利用其抑菌功能和成膜性。壳聚糖在盐酸、醋酸、酒石酸等溶液中溶解后，具有一定成膜性，将其涂于水果、蔬菜表面可形成一层薄膜，此膜具有防止果蔬失水，抑制其呼吸强度，延缓营养物质的消耗，抑制、防止微生物的侵染，减少果蔬的腐烂，延长贮藏期限的功能，从而达到保鲜的目的[4]。

肉制品由于高度不饱和脂肪的易于氧化而易变质。而经过壳聚糖处理后，肉制品的变质现象可得到明显改善。人们认为这种抗氧化作用与游离铁的螯合作用有关，在热加工过程中，肉制品中的血红素蛋白会释放出游离铁。如果在加工过程中加入壳聚糖或其衍生物，则游离铁就会与之螯合，这样就减少和抑制了游离铁对 2-硫代巴比妥酸的催化合成作用，从而改善肉制品的变质现象[3]。

壳聚糖具有絮凝作用，可作为许多液体产品或半成品的除杂剂。利用壳聚糖澄清果汁时，其还可降低果汁酶褐变速度和程度，因为壳聚糖能除去果汁中多酚氧化酶；另外，其还可净化糖汁，即除去原料糖汁中的无机盐、纤维素、有机胶物质和一些悬浮物质[1]。

壳聚糖是无毒的，美国 FDA 已批准将其作为食品添加剂。利用壳聚糖与酸性多糖反应，可生成壳聚糖的酸性多糖络盐，它可作为组织填充剂使用，从而可以制成有保健功能的仿生肉[1]；可用于冷饮制品如冰激凌中，使冰激凌组织细腻、冰晶颗粒均匀细小、泡沫丰富、口感柔和、保形性好，其乳化效果比微晶纤维素要好，也可用于面包制品、果酱、花生酱、奶油替代品等食品生产中[4]。

7.3.2　在污水净化中的应用[3]

作为重金属离子的富集剂，壳聚糖显示出了优异的性能。它可以通过其分子结构中的氨基和羧基与 Hg^{2+}、Cu^{2+}、Zn^{2+}等金属离子形成较稳定的螯合物，因此可有效地除去工业废水中的有毒重金属离子。尤其对无机汞和高毒性有机汞（如：CHHgCl 等）有很好的捕集效果。钛、锆、铪、铌是与原子反应堆结构材料有联系的元素，壳聚糖对它们也有较强的吸附能力。

壳聚糖是直链型的高分子聚合物，由于分子中存在游离氨基，在稀酸溶液中被质子化，从而使壳聚糖分子链上带上大量正电荷，成为一种典型的阳离子絮凝剂。它兼有电中和絮凝和吸附絮凝的双重作用，可用于除去水体中的无机悬浮固体，处理蔬菜及罐头生产废水，回收蛋白质以及污泥脱水等。

膜分离的关键是膜材料，壳聚糖是近年来受到广泛关注的新型材料，用其制成的薄膜，柔韧性好，无毒副作用，优于当前广泛使用的聚砜膜，且其制膜设备和工艺简便。用壳聚糖可制成超滤膜、反渗透膜、渗透蒸发和渗透汽化膜、气体分离膜等，用于有机溶液中有机物的分离和浓缩超纯水制备、废水处理、海水淡化等。由壳聚糖制成的反渗透膜对金属离子具有很高的截留率，尤其对二价离子的截留效果更佳，另外这种膜还具有生物相容性，废膜可生物降解，不会造成环境污染，而且其降解产物在土壤中能改善微生态环境。

7.3.3　在医学中的应用[5]

壳聚糖的化学结构中含有活性自由氨基，溶于酸后糖链上的氨基与 H^+结合形成强大的正电荷离子团，有利于改善酸性体质，强化人体免疫功能，排除体内有害物质等，维持机体正常 pH 值。壳聚糖具有的正电荷能够与细胞表面含负电荷的神经氨酸残基的受体间发生相互作用，起到止血的作用。壳聚糖具有良好的凝胶特性及生物相溶性，可制成微胶囊作为药物缓释体系。在医疗过程中，一些患处需要持续给药，可用壳聚糖包覆后再经其缓慢释放从而达到治疗效果。对壳聚糖分子表面进行化学修饰和改性，利用其良好的成膜性、生物降解性和生物相溶性，能够广泛地作为新型天然医用生物材料。

7.3.4　在农业中的应用[3]

壳聚糖可用作许多粮食、蔬菜作物种子的处理剂，提高种子的发芽率，增强幼苗的抗病能力，促进作物的生长，提高作物的产量。另外，壳聚糖还可用作生物病害诱抗剂，诱导生物的广谱抗病性。研究证实，壳聚糖作为植物性功能调节剂，能调节植物基因的关闭和开放，诱导植物分泌抗性酶，这样不仅可以促进植物细胞的活化，刺激植物性生长，还可以增加对病虫害的自我防御能力。特别是较高聚合度的寡聚糖具有阻碍病原菌生长繁殖的功能，减少病原菌特别是致病真菌对植物的危害。

壳聚糖也可用作植物生长促进剂、土壤改良剂。壳聚糖可为土壤有益菌如放线菌提供营养物质，促进放线菌的繁殖并诱导放线菌产生壳聚糖酶，从而抑制土壤病原菌生长和繁殖；同时由于放线菌大量繁殖，改善了土壤微生态环境并提高了植物品质，从而达到增产的目的。利用壳糖聚的抗菌能力和改善土壤的作用，可将其制成土壤改良剂。这种改良剂具有适当的稳定性和可降解性，降解以后是优质的有机肥料，可供作物吸收。若将其喷洒到土壤表面，则能形成一层薄膜，还具有保墒作用。如将农药或化肥掺入其中，使它们均匀混合，还可取得缓释放的效果。

利用壳聚糖的成膜性及生物可降解性，可制成具有良好黏附性、通透性和一定抗拉强度的农用地膜，代替现在广泛使用的聚乙烯地膜，克服了聚乙烯地膜板结土壤、不利于作物生长的缺点。这种地膜无污染、成本低、强度高，并且具有改良土壤的作用。

7.3.5 在轻纺业中的应用[1]

在印染业中，壳聚糖可作为织物的整理剂、上浆剂、印染助剂等使用；在造纸工业中，纸张中添加壳聚糖后，使其具有较高的干湿强度且表面光滑，另外壳聚糖还能赋予纸张以特殊性能，如柔软性、耐燃、防静电、防霉等；化妆品中恰当地添加壳聚糖及其衍生物，可显著地提高产品质量和附加值。

7.4 纳米 Pt/CS-SiO_2 催化剂的制备与结构表征

7.4.1 制备方法

1. 介孔 SiO_2 的制备

合成介孔 SiO_2 的具体过程如下：以十四胺（TDA）为模板剂，选择各原料摩尔比为 TDA∶TEOS∶H_2O∶EtOH=0.28∶1∶62∶60。将十四胺（TDA）溶解于无水乙醇（EtOH）中，再缓慢加入蒸馏水，搅拌 30 min，标记为溶液 1；再将正硅酸乙酯（TEOS）加入到无水乙醇（EtOH）中，搅拌 30 min，标记溶液 2；在搅拌下，将溶液 2 缓慢滴加到溶液 1 中，继续搅拌 24 h，过滤，用无水乙醇萃取模板剂，真空干燥 24 h，冷却后得到白色粉末。

2. CS-SiO_2载体的制备

室温下，量取一定量 1.5 wt%无水乙酸于装有搅拌子的 250 mL 三口烧瓶中，并固定在油浴锅上，开动搅拌开关；再称取一定量 CS[7-12]至三口烧瓶，升温至 50℃，持续搅拌至其完全溶解；取 0.8 g SiO_2 于三口烧瓶中，在 100℃回流 1.0 h，待混合物冷却至室温后，用一定浓度的氢氧化钠溶液调节 pH=13；停止搅拌，放置 3.0 h 过滤，蒸馏水洗涤至 pH=8；将混合物均匀且分散地平铺在表面皿上，放入 70℃真空干燥箱干燥 24 h，即得 CS-SiO_2 载体，具体操作步骤见图 7-1，反应过程见图 7-2。

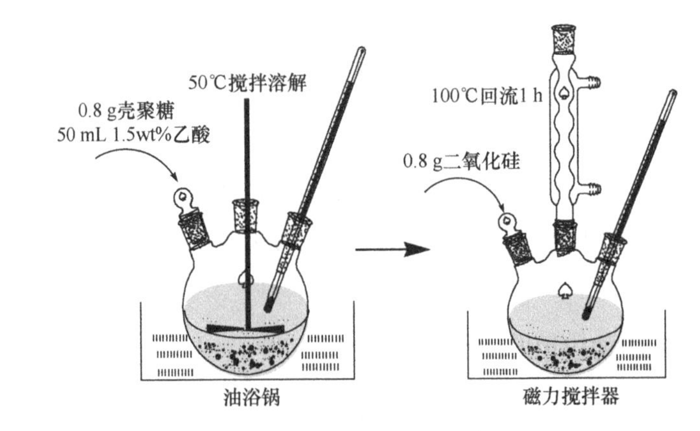

图 7-1 CS-SiO_2配体的实验过程

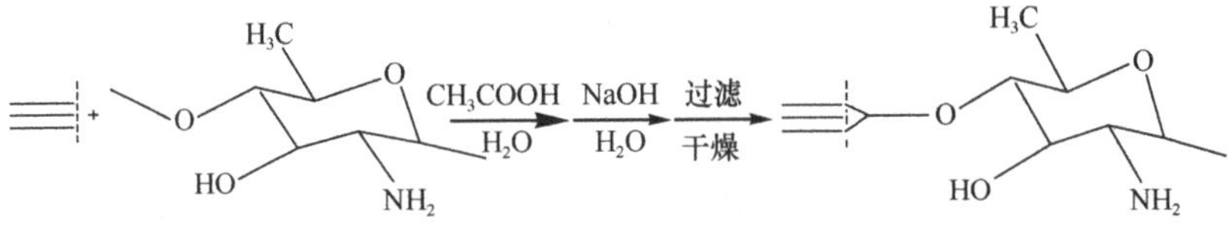

H_3C O HO NH_2 $\xrightarrow[H_2O]{CH_3COOH}$ $\xrightarrow[H_2O]{NaOH}$ $\xrightarrow[干燥]{过滤}$ H_3C O O HO NH_2

图 7-2 CS-SiO_2配体的反应过程

3. Pt/CS-SiO_2催化剂的制备

量取 3.0 mL 的 0.0464 mol/L 氯铂酸异丙醇溶液于 250 mL 三口烧瓶中，加入搅拌子、插入温度计、装上冷凝管、固定在油浴锅上，再加入 4 g 配体和 30 mL 无水乙醇，升高温度至 80℃回流 10 h，过滤，将混合物均匀且分散地平铺在表面皿上，放入 50℃真空干燥箱真空烘干即得 Pt/CS-SiO_2，具体操作步骤见图 7-3，反应过程见图 7-4。

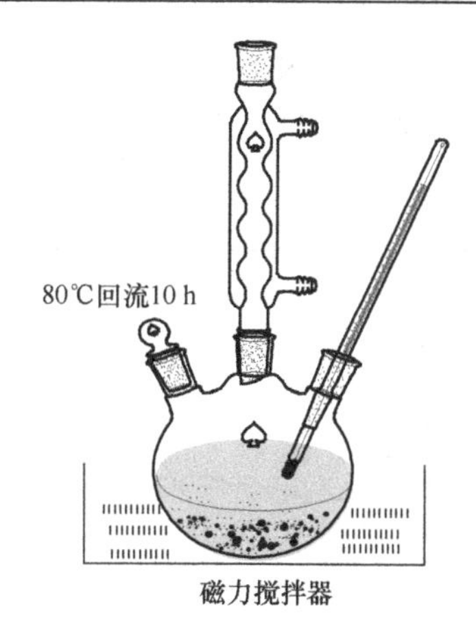

图 7-3　CS-SiO$_2$配体负载 Pt 的实验过程

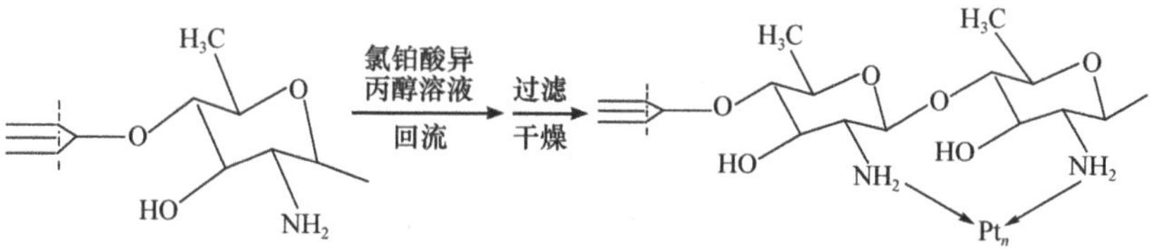

氯铂酸异丙醇溶液 / 回流 → 过滤 / 干燥

图 7-4　CS-SiO$_2$配体负载 Pt 的反应过程

7.4.2　红外光谱分析

为确定二氧化硅（SiO$_2$）、壳聚糖（CS）和铂（Pt）之间相互作用力，分别对壳聚糖（CS）、二氧化硅（SiO$_2$）、壳聚糖-二氧化硅（CS-SiO$_2$）和铂/壳聚糖-二氧化硅（Pt/CS-SiO$_2$）进行红外分析表征，结果如图 7-5 所示。在图 7-5（a）中，2921 cm^{-1}和 2874 cm^{-1}处的两个小吸收峰属于壳聚糖分子中的—CH$_3$或者—CH$_2$中的碳-氢键的伸缩振动峰；1650 cm^{-1} 和 1424 cm^{-1} 分别属于酰胺基带 I 吸收峰和碳-氮键伸缩振动吸收峰。在图 7-5（c）和（d）中都出现了 2921 cm^{-1}吸收峰，但该吸收峰未出现在二氧化硅（SiO$_2$）的谱图[图 7-5（b）]中，可以说明该吸收峰属于壳聚糖分子中碳-氢键的伸缩振动峰。在图 7-5（b）中出现的 1630 cm^{-1}处的吸收峰属于氧-氢键的弯曲振动峰，而在（c）中，该峰出现在 1638 cm^{-1}处，蓝移 8 cm^{-1}，可以判断壳聚糖 CS 与二氧化硅 SiO$_2$之间已经发生相互作用，壳聚糖已经负载到二氧化硅上。在铂/壳聚糖-二氧化硅（Pt/CS-SiO$_2$）的谱图[图 7-5（d）]中，在载体 CS-SiO$_2$ 中加入铂之后形成的催化剂的红外光谱图中也发生了些许变化：载体位于 3442 cm^{-1}处的由氮-氢键伸缩振动峰和氧-氢伸缩振动峰重叠形成的吸收峰的波数，红移到 3429 cm^{-1}处，这可能是壳聚糖（CS）中氮原子上的一部分电荷移到了铂原子上，从而使得—NH_2 吸收峰波数向低的波数反向移动，可以初步判断 CS 上的—NH_2 中的氮原子 N 与 Pt 发生了相互作用形成配位键，铂已经负载到配体上，形成了 Pt/CS-SiO_2。

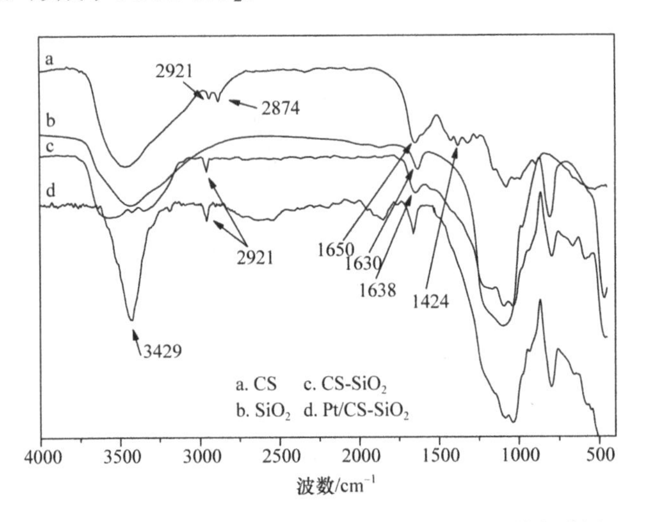

图 7-5　CS、CS-SiO_2、SiO_2 和 Pt/CS-SiO_2 的红外光谱图

7.4.3　热重分析

为测试催化剂的热稳定性，分别对二氧化硅（SiO_2）、壳聚糖-二氧化硅（CS-SiO_2）和铂/壳聚糖-二氧化硅（Pt/CS-SiO_2）进行了热重分析表征，如图 7-6 所示。从二氧化硅（SiO_2）的失重曲线可以看出，在 25～100℃之间有一个失重峰，该温度区间的质量损失较少，约为 3.2%，该峰可以归属于在二氧化硅分子的表面上通过物理吸附作用附着的水分子的失重峰；在 100～800℃之间的失重峰的质量损失很小，约为 3.4%，该峰可以归属于二氧化硅分子上 Si—O—Si 键和 Si—C 单键的失重峰；而从二氧化硅/壳聚糖（CS-SiO_2）的失重曲线可以看出，在 110～250℃之间有一个较小的失重峰，该温度区间的质量损失约为 2.4%，该峰可以归属于利用壳聚糖改性后的二氧化硅表面上的壳聚糖有机基团（如碳-碳单键 C—C、碳-氧单键 C—O 和碳-氮单键 C—N）的分解失重峰，而改性后的 Si—O—Si 键和 Si—C 键的失重峰出现在 300～520℃之间，可以初步判断壳聚糖已经接枝到二氧化硅表面上，该失重峰的质量损失约为 8.3%。通过对比二氧化硅（SiO_2）、壳聚糖-二氧化硅（CS-SiO_2）和铂/壳聚糖-二氧化硅（Pt/CS-SiO_2）失重曲线可以看出，Si—O—Si 键和 Si—C 单键的失重峰出现在 210～500℃之间且质量损失减小至 7.6%，在 530℃开始出现一个大的失重峰，质量损失也增大，约为 17.1%，故可

以初步认为金属铂已经负载到 CS-SiO_2 配体上形成了 Pt/CS-SiO_2 催化剂。

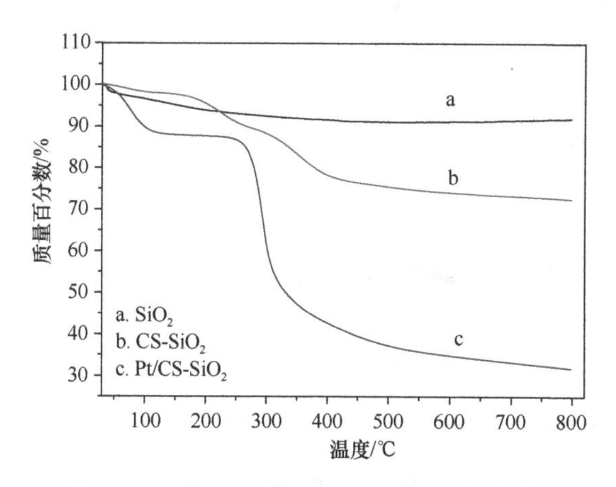

图 7-6　SiO_2、CS-SiO_2 和 Pt/CS-SiO_2 的热重图

7.4.4　氮气吸附–脱附分析

采用氮气吸附–脱附仪分别对二氧化硅（SiO_2）、壳聚糖–二氧化硅（CS-SiO_2）和铂/壳聚糖–二氧化硅（Pt/CS-SiO_2）进行表征，结果如图 7-7 和表 7-1 所示。从图 7-7（A）可以看出，二氧化硅的氮气吸附-脱附曲线是经典的带有 H1 型滞后环的Ⅳ型等温吸附脱附曲线，是介孔材料的基本特征。从图 7-7（B）及表 7-1 可以看出，二氧化硅的孔径为 d_1=2.0388 nm，故可以判断二氧化硅具有介孔结构。当固载 Pt 之后，孔径变为 d_2=1.9738 nm，可能是小部分孔道被堵塞、孔道发生崩塌或者部分 CS 进入到孔道内。这说明铂已经负载在配体上形成了 Pt/CS-SiO_2 催化剂。

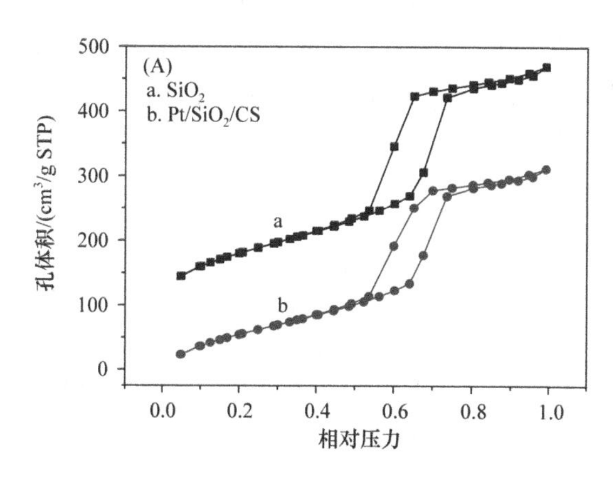

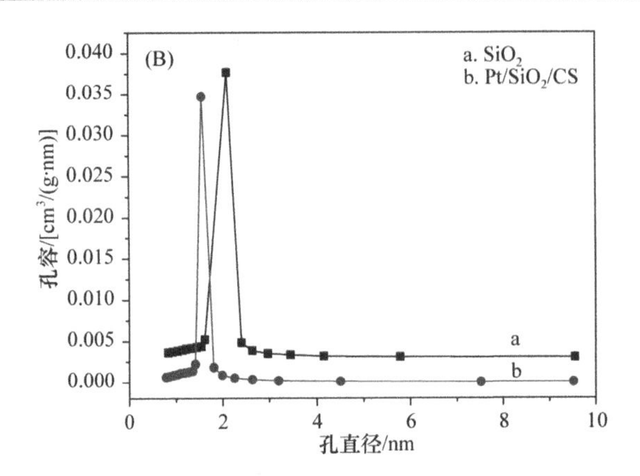

图 7-7 SiO_2 和 Pt/CS-SiO_2 的氮气吸附脱附图（A）和孔径分布图（B）

表 7-1 SiO_2 和 Pt/CS-SiO_2 的孔结构参数

试样	比表面积/（m^2/g）	孔径/nm		孔体积/（cm^3/g）
		BJH	ADS	
SiO_2	836.32	2.1038	1.9738	0.93
Pt/CS-SiO_2	486.04	1.9512	1.9964	0.71

7.5 Pt/CS-SiO_2 催化合成有机硅增效剂

7.5.1 有机硅增效剂的合成

称取一定质量的 MD^HM 和 0.3 g 铂催化剂，放入到平行反应站的反应釜中，插入温度探针、装好冷凝管、通入氮气，再在计算机上设定一定转速和时间后，升高温度至 80℃保持 30 min，以 3℃/min 的速率升高至反应温度；缓慢滴加 HDE 至反应釜中，滴加速率控制在 70～80 滴/min；滴加完毕后，在反应温度保温一定时间，待溶液不分层，过滤得催化剂，干燥，备用；溶液冷却至室温，即得有机硅增效剂。具体反应方程式如图 7-8 所示。

$$\underset{\text{HDE}}{CH_2=CHCH_2{-}(OCHCH_2)_n{-}OH} + \underset{MD^HM}{H_3C{-}\underset{CH_3}{\overset{CH_3}{Si}}{-}O{-}\underset{H}{\overset{CH_3}{Si}}{-}O{-}\underset{CH_3}{\overset{CH_3}{Si}}{-}CH_3} \xrightarrow{\text{铂催化剂}} \underset{\text{HDM}}{H_3C{-}\underset{CH_3}{\overset{CH_3}{Si}}{-}O{-}\underset{CH_2CH_2CH_2-(OCH_2CH_2)_n-OH}{\overset{CH_3}{Si}}{-}O{-}\underset{CH_3}{\overset{CH_3}{Si}}{-}CH_3}$$

图 7-8 MD^HM 与 HDE 的反应方程式

7.5.2 红外光谱分析

在最优合成工艺条件下制备得到的 HDM 的红外光谱图（图 7-9）中，已经没有反应物波数在 1646 cm^{-1}处的 C═C 键特征吸收峰和波数为 2153 cm^{-1}的 Si—H 键的吸收峰，表明 HDM 中已经无反应物存在；同时，通过对比参比样 Silwet 的红外光谱图可以看出，两者的谱图基本一致，可以判断已经合成出所需的目标产物。

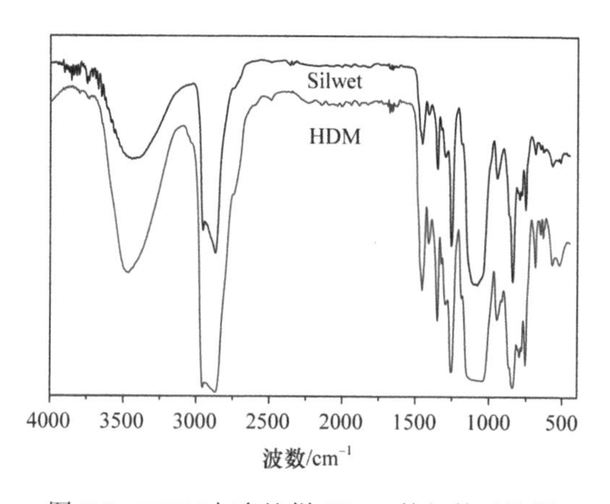

图 7-9 HDM 与参比样 Silwet 的红外对比图

7.5.3 ^{1}H NMR 分析

图 7-10（a）和（b）是产物 HDM 和参比样 Silwet 的核磁共振氢谱图。图 7-10（a）中，化学位移 δ_1=0.130 属于 CH_3—Si—的质子峰，但已经无 δ_7=4.628 处属于 Si—H 的质子峰和 δ_8=5.295 处属于 C═C 的质子峰，可以表明 HDM 无 MD^HM 和 HDE；δ_3=1.600、δ_4=2.543 和 δ_6=3.660 分别为—Si—$CH_2CH_2CH_2$—、HO—和—$[CH_2CH_2O]_n$—的质子峰，通过这些质子峰可以初步判断，本次试验已经合成所需的产物，再对比参比样 Silwet 的谱图，基本保持一致，可以说明 HDM 是目标产物。

7.5.4 反应温度对 MD^HM 转化率的影响

在 n（HDE）∶n（MD^HM）=1.0∶1、反应时间为 3.0 h、0.3 g Pt/CS-SiO_2 条件下，测试反应温度对七甲基三硅氧烷的转化率的影响，结果如图 7-11 所示。从图中可以看出，温度对速率和 MD^HM 转化率有较明显的影响，结合资料综

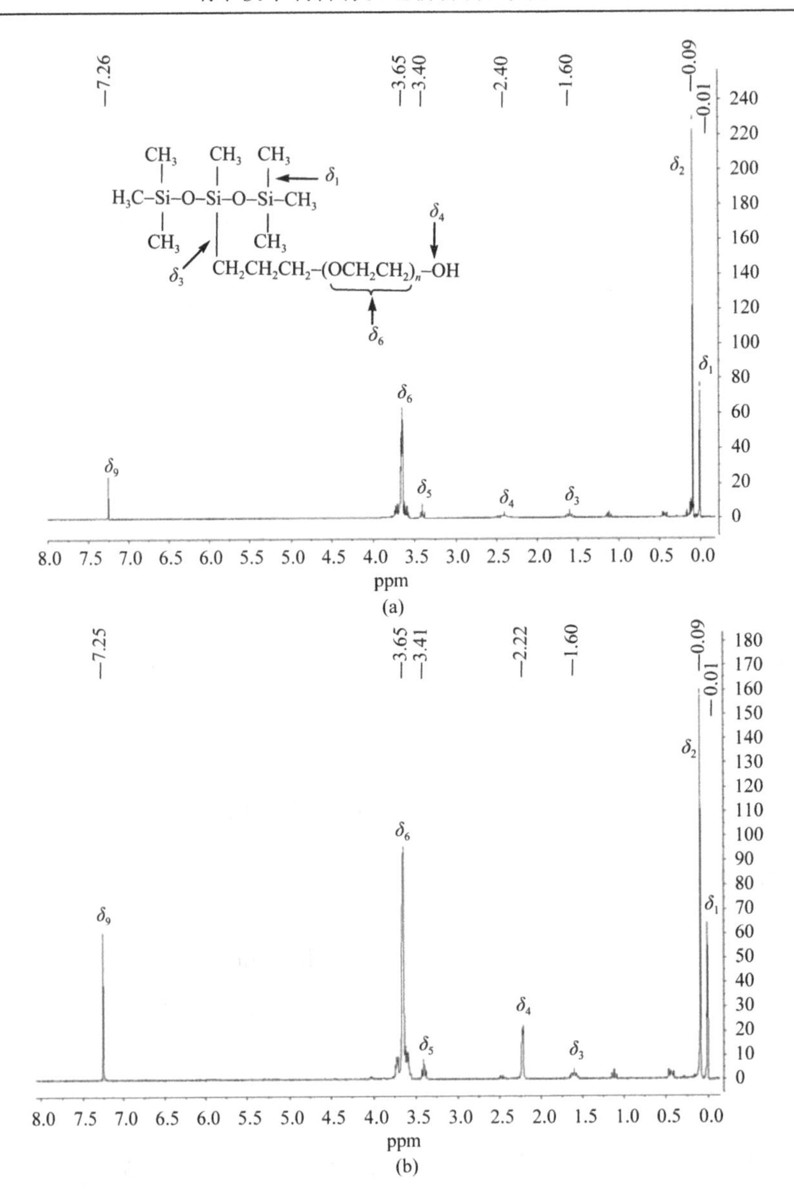

图 7-10 产物 HDM（a）和参比样 Silwet（b）的核磁共振氢谱图

合分析，可以从两方面来解释：①起到活化催化剂作用，提升活化效果；②供给此反应所需的活化能 E_a。实验发现，对于在 85℃和 90℃温度下，反应温度与 MD^HM 的转化率均呈现递增的正比关系；当提高反应温度至 95℃时，反应 3.0 h，MD^HM 转化率便能达到 94.3%，与 100℃和 105℃的效果相当，最终确定 95℃为最佳温度点。

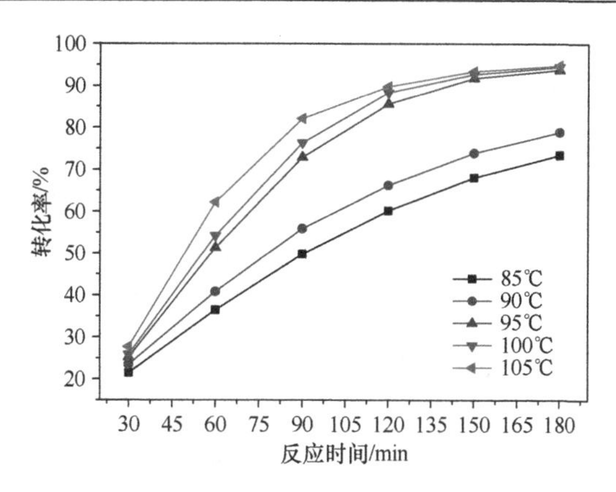

图 7-11　反应温度对 MD^HM 转化率的影响

7.5.5　原料物质的量比对 MD^HM 转化率的影响

在反应时间为 3.0 h、反应温度为 95℃、0.3 g Pt/CS-SiO_2 条件下，测试反应物物质的量对七甲基三硅氧烷的转化率的影响，结果如图 7-12 所示。原料物质的量比对催化剂的催化效果和反应诱导期有显著的影响。在图 7-12 中，在 3.0 h 的反应时间内和五个物料比之下，MD^HM 转化率均呈现出一个增加的趋势。在 *n*（HDE）∶*n*（MD^HM）=0.7∶1 和 0.8∶1 时，MD^HM 转化率在 60～90 min 内呈现一个急速增加的过程，但在 90～180 min 内增加趋势趋于平缓，由此可以得出在这两个物料比之下的反应诱导期为 60 min；当 *n*（HDE）∶*n*（MD^HM）=0.9∶1 时，急速增加过程提前至了 30～60 min 的区间，由此可知该物料比下的诱导期缩短至 30 min；随后，继续增加 HDE 的用量至 *n*（HDE）∶*n*（MD^HM）=1.0∶1 和 1.1∶1 时，诱导期低于 30 min 且最终 MD^HM 转化率比 *n*（HDE）∶*n*（MD^HM）=0.9∶1 时的转化率略高，这是因为随着 HDE 的加入，加速了络合物中间体的形成，缩短了反应的诱导期。综合分析，最终选择最佳比值为 1.0∶1。

7.5.6　铂总量对 MD^HM 转化率的影响

在反应时间为 3.0 h、反应温度为 95℃、*n*（HDE）∶*n*（MD^HM）=1.0∶1 条件下，测试铂含量对七甲基三硅氧烷的转化率的影响，结果如图 7-13 所示。根据已有的报道知，催化剂的活性中心对反应效果有较显著的影响。在图 7-13 中，当铂总量为 0.28wt%，在 3.0 h 的反应时间内时，MD^HM 的转化率是 77.2%，且混合液有些许分层，反应结果不理想。出现此现象的原因可能是 Pt/CS-SiO_2 的多相性。由于 Pt/CS-SiO_2 是多相催化剂，其活性中心在混合液中分散的均匀

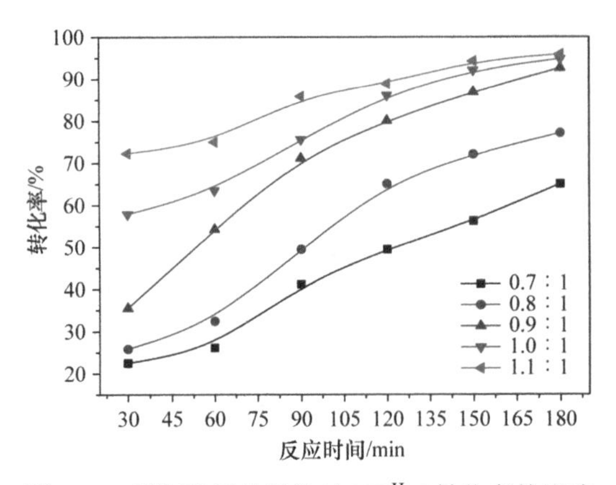

图 7-12　原料物质的量比对 MD^{H}M 转化率的影响

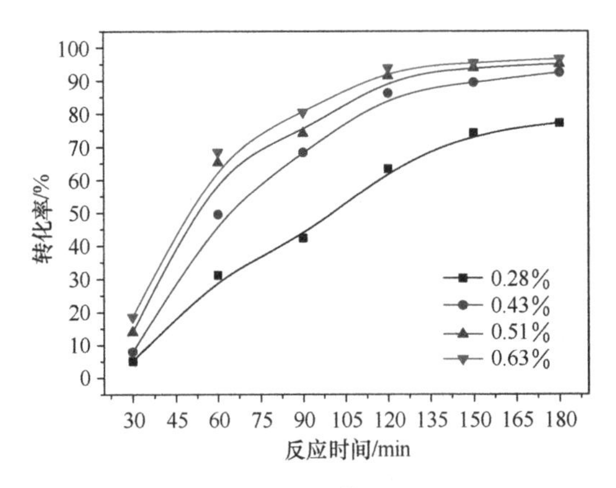

图 7-13　铂总量对 MD^{H}M 转化率的影响

程度弱于均相催化剂的效果，当铂总量较少时，导致催化效果不理想；增加铂总量能提升反应效果。结果也表明，提高铂总量至 0.43wt%，3.0 h 后 MD^{H}M 的转化率为 94.1%，效果明显增强。铂总量的增加，提高了活性中心与混合液接触的概率，缩短了形成中间体的时间，加快了反应速率，提高了转化率。继续增加铂总量至 0.51wt%和 0.63wt%时，MD^{H}M 的转化程度与铂含量为 0.43wt%时的 MD^{H}M 的转化程度相当，故可以确定 0.43wt%的铂总量是最佳用量。

7.5.7　反应时间对 MD^{H}M 转化率的影响

在反应温度为 95℃、*n*（HDE）∶*n*（MD^{H}M）=1.0∶1、铂总量为 0.43% 的条件下，测试反应时间对七甲基三硅氧烷的转化率的影响，结果如图 7-14 所示。从图中可知，在 0.5～3.0 h 区间内，反应时间与 MD^{H}M 的转化程度呈现正比例关系，可能是该条件提供了反应所需要的活化能量，减少了形成反应中间体的时间，导致 MD^HM 的转化程度变大，混合液的外观颜色由透明变成浑浊至透明。在 3.0～4.0 h 内，混合液颜色开始发黄且逐渐有细的颗粒析出，这是由于在 95℃持续作用下，铂从催化剂中逐渐析出，减低其效果；同时，MD^HM 的转化程度趋于一个稳定值，这是由于在该时间区间内，与铂形成络合物的 HDE 的量趋于一个最优值，延长时间并不能起到增加 MD^HM 转化率的作用，故反应至 3.5 h 和 4.0 h 时的 MD^HM 的转化率与 3.0 h 的转化率相差无几，因此选定时间最优值为 3.0 h。

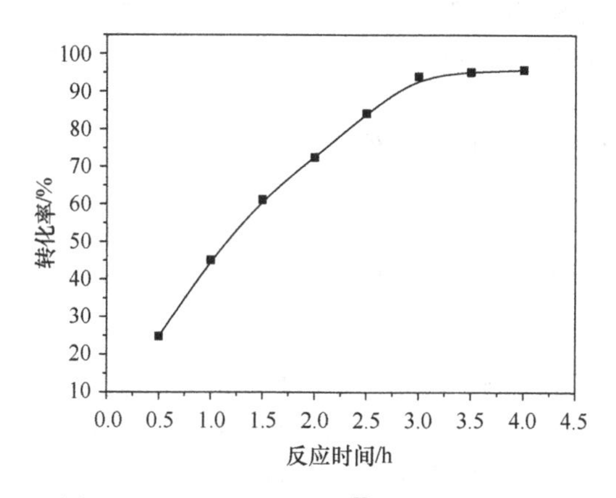

图 7-14　反应时间对 MD^HM 转化率的影响

7.5.8　铂的不同络合方式对 MD^HM 转化率的影响

在最优工艺条件下，分别用了三种不同的络合方式测试对 MD^HM 转化率的影响。方式 A，先将 Pt/CS-SiO_2 与 MD^HM 混合，反应 30 min 后，滴入 HDE 反应 3.0 h；方式 B，先将 Pt/CS-SiO_2 与 HDE 混合，反应 30 min 后，滴入 MD^HM 反应 3.0 h；方式 C，将 Pt/CS-SiO_2、MD^HM 和 HDE 同时混合，反应 3.0 h；结果如表 7-2 所示。结果表明：方式 B 的效果最好，方式 C 次之，方式 A 最差。这说明 Pt 是先与 HDE 键作用形成活性中间体，再与 Si—H 作用转化成产物。

表 7-2　Pt 的不同络合方式与 MD^HM 转化的关系

方式	时间/ h	转化率/%
A	3	87.3
B	3	94.5
C	3	91.4

7.5.9　$Pt/CS-SiO_2$的稳定性评价

为确认起催化效果的是 $CS-SiO_2$ 中的 Pt 还是脱离 $CS-SiO_2$ 孔道中的 Pt 胶体，按照最优反应条件，将 $Pt/CS-SiO_2$ 加入到 HDE 溶液中，于活化温度下持续搅拌 24 h，抽滤，滤掉 $Pt/CS-SiO_2$ 后，于 95℃向所得到的澄清液中加入 MD^HM 溶液，反应 3.0 h。实验结果表明，产物出现明显的分层，并且通过气相色谱和红外光谱分析得知，混合液中并未出现产物，即两种反应物在该情形下并未反应，说明 Pt 并未从 $CS-SiO_2$ 孔道里脱离出来或者脱离出极少量 Pt，故排除了后者的可能性。可以判断出，起作用的是吸附在配体 $CS-SiO_2$ 孔道中的 Pt。

7.5.10　$Pt/CS-SiO_2$的回收利用评价

在最优条件下，完成一次加成反应后，从混合液中抽滤得到 $Pt/CS-SiO_2$，置入一定温度的烘箱干燥后，在同等条件下，继续投入到下个反应中，以此来检验 $Pt/CS-SiO_2$ 的重复使用次数，结果如图 7-15 所示。当使用 $Pt/CS-SiO_2$ 达到 6 次时，MD^HM 的转化率依然保持在 90%以上，使用第 7 次和第 8 次时，转化率分别为 82.5%和 77.9%，Pt 之所以能依附于 $CS-SiO_2$ 的孔道内靠的是 CS 上的—NH_2 的孤对电子与 Pt 作用形成的配位键，可以初步猜测 8 次使用后转化率降低可归结于此配位键的作用开始减弱，导致部分 Pt 脱离了 $CS-SiO_2$。不过在使用 8 次后，依然保持较高转化率，可以推断该催化剂有良好的重复使用效果。

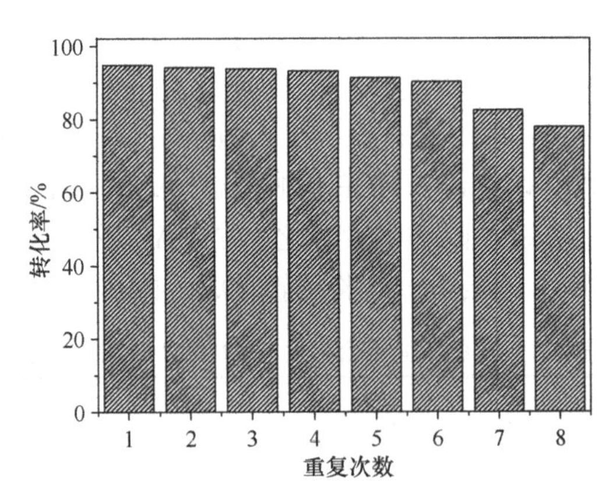

图 7-15　$Pt/CS-SiO_2$ 的重复使用评价

7.6　有机硅增效剂的性能

7.6.1　各指标参数测试

在温度为 25℃，最优条件下测得产物的性能，结果如表 7-3 所示。

表 7-3　本实验产物与参比样 Silwet 各项性能测试对比

测试项目	本实验产物 HDM	Silwet
样貌	透明	透明
接触角/(°)	12.00	14.00
动力黏度/(mPa/m)	62.3	65.8
运动黏度/(mm^2/s)	32.887	34.023
CMC/(mol/L)	6.16×10^{-4}	6.43×10^{-4}
γ_{CMC}/(mN/m)	21.5	22.3
折射率	1.613	1.586
浊点/℃	浑浊	浑浊
HLB 值	14.436	14.442

7.6.2　临界胶束浓度

从图 7-16 可知，图形的拐点处即为产物溶液的 CMC 值，为 6.16×10^{-4} mol/L，该值对应的即为产物溶液的表面张力 γ_{CMC}=21.5 mN/m，明显低于市场上的带羟基的表面活性剂表面张力（30～40 mN/m）。究其原因：由于—$[Si\text{-}O\text{-}Si]_n$—链段良好的伸缩性，使其与—$CH_3$ 相连接时处于最低能量的稳定状态，从而形成一个稳定而紧密的“伞形”分子结构，能有效地附着在界面上。但—CH_2—是带羟基的表面活性剂的疏水基，其能量明显高于—CH_3 的能量，导致该种表面活性剂分子能量处于较高状态。

7.6.3　水解性能测试

在室温下，分别测试 pH=3、pH=7 和 pH=11 的 0.1wt%产物水溶液表面张力，依据不同时间内溶液表面张力变化趋势来判定其水解能力，Silwet 作参比，结果如图 7-17～图 7-19 所示。

在酸性环境（pH=3）下，产物 HDM 和 Silwet 的稳定性都较差，在 1～12 d 之

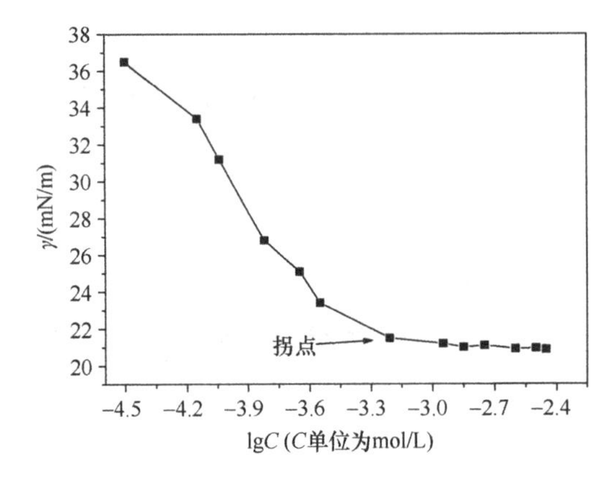

图 7-16　产物浓度的对数与其表面张力的关系

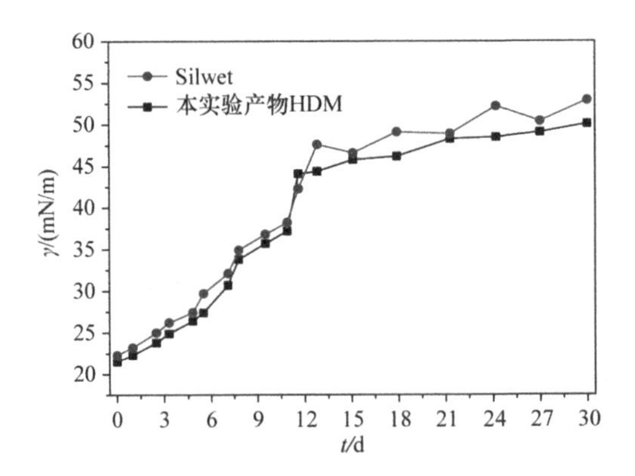

图 7-17　酸性环境（pH=3）下 γ 与 t 关系

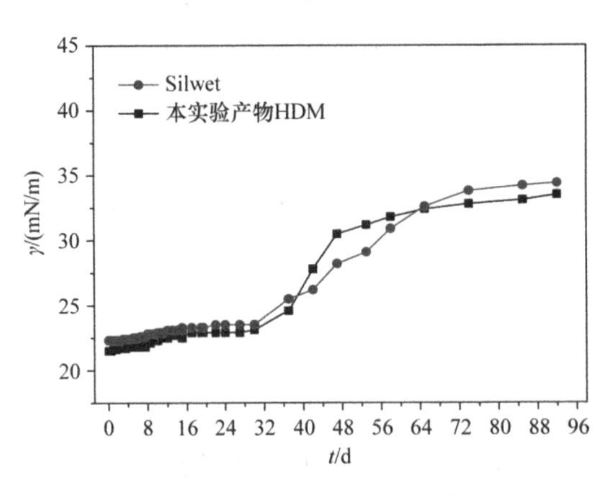

图 7-18　中性环境（pH=7）下 γ 与 t 关系

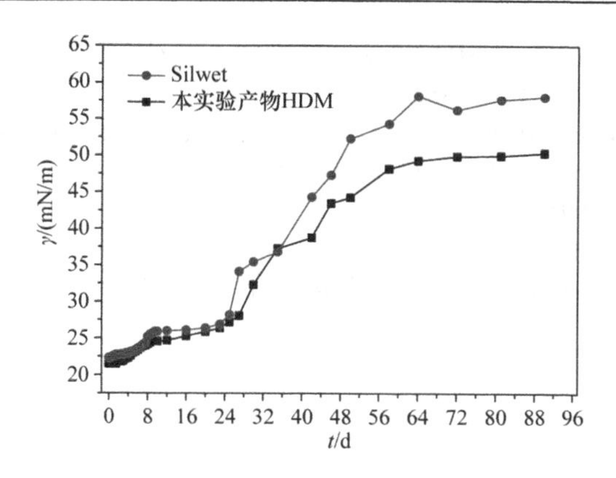

图 7-19　碱性环境（pH=11）下 γ 与 t 关系

间，两者的 γ 保持相当，但 12 d 之后，它们的 γ 相对值开始出现加大的趋势，很快便达到 50 mN/m 左右，说明它们不能稳定地存在于酸性环境中。这可能是因为酸性环境加速了它们与水分子碰撞的机会，使得它们容易发生水解反应。

由图 7-18 可知，产物 HDM 和 Silwet 能比较稳定存在于中性环境中，随时间延长，它们的 γ 值都增加，但即使到第 90 天，γ 值也基本维持在 35 mN/m 左右，即可以说明中性环境是适合存放这类表面活性剂的条件。

由图 7-19 可知，产物 HDM 和 Silwet 在碱性环境中，前 30 天 γ 值变化趋势不大，但随后的时间内，两者的 γ 值变化很明显，且 Silwet 的变化趋势大于 HDM；三个月后，Silwet 的 γ 值明显高于 HDM 的 γ 值。说明在前一个月内，两者比较耐水解，HDM 优于 Silwet；这可能是因为碱性环境加速了硅–氧–硅键的水解。

参 考 文 献

[1] 杨新超, 赵祥颖, 刘建军. 壳聚糖的性质、生产及应用[J]. 食品与药品, 2005, (8): 59-62.

[2] 那海秋, 刘宝忠, 张德智. 壳聚糖的性质、制备及应用[J]. 辽宁化工, 1997, (4): 16-18.

[3] 李牧. 壳聚糖的性质及应用研究[J]. 科技信息(科学教研), 2007, (20): 52-53, 105.

[4] 李维静. 甲壳素、壳聚糖的性质、制备及其在食品中的应用[J]. 安徽农学通报, 2007, (10): 58-60.

[5] 朱正华, 朱良均, 陆旋. 壳聚糖的制备及其应用[J]. 科技通报, 2003, (6): 521-524.

[6] 张蔚欣.Pt/SiO_2 和 Pt/SiO_2/CS 催化剂制备及在硅氢加成反应中的应用[D]. 广州: 仲恺农业工程学院, 2015.

[7] 王爱勤, 赵培庆, 高小军, 等. 壳聚糖与不同金属锌盐配位的红外光谱研究[J]. 光谱学与光谱分析, 1999, 19(6): 817-820.

[8] Zhu X. C, Shen R W, Zhang L X. Catalytic oxidation of styrene to benzaldehyde over copper Schiff-base/SBA-15 catalyst[J]. Chinese Journal of Catalysis, 2014, 35(10): 1716-1726.

[9] 程亮, 徐丽, 侯翠红, 等. V-SBA-15 分子筛的制备及其对乙苯制苯乙酮反应的催化性能[J]. 精细化工, 2014, 31(11): 1348-1352.

[10] Bogdan M, Hieronim M, Wojciech D, et al. Kinetics and mechanism of the reaction of allyl chloride with trichlorosilane catalyzed by carbon-supported platinum[J]. Applied Organometallic Chemistry, 2003, 17: 127-134.

[11] 储伟. 催化剂工程[M]. 第六版. 成都: 四川大学出版社, 2006.

[12] 樊强. 聚醚改性有机硅表面活性剂的合成及性能研究[D]. 西安: 陕西科技大学, 2012.

第8章　Pt-Al/MCM-41催化剂的制备及其催化合成有机硅增效剂

8.1　介孔硅概述

8.1.1　介孔硅简介

介孔二氧化硅(简称介孔硅)是一种新型的纳米功能材料。1992 年美国 Mobil 公司率先报道了通过液晶模板法合成 M41S 系列介孔二氧化硅。随后，SBA 系列、APMs 系列、HOM 系列等介孔二氧化硅相继诞生。MCM-41 介孔分子筛作为系列的典型代表，具有较大的比表面积（>700 m^2/g）和孔体积（> 0.7 cm^3/g）、孔径可在范围内连续调节、孔道一维均匀、呈六方有序排列、稳定的骨架结构、易于修饰的内外表面等特点，被广泛应用于吸附、分离、催化、药物缓释、化学传感、纳米器件等领域[1,2]。

8.1.2　介孔硅的合成方法

1）水热合成法

水热合成法是将一定量的酸或碱、模板剂加到水中组成混合反应液，再向其中加入硅源，在一定温度下让其进行水热反应并晶化一段时间，然后进行过滤、洗涤、干燥，通过煅烧或萃取的方法将模板剂除去，保留无机骨架，从而获得有序介孔分子筛。

2）溶胶–凝胶法

溶胶–凝胶法是一种条件比较温和的合成方法，一般是以无机物作为前驱体，在表面活性剂的水溶液混合均匀后，硅源进行水解缩聚反应，形成稳定的体系，后经过陈化，凝胶粒子进一步缩聚而形成稳定的三维网状结构[3]。

3）微波合成法

微波合成法通常是将制得的前驱体溶胶在微波辐射条件下晶化，从而获得分子筛的一种方法。利用微波辐射加热可直接加热反应物，升温快速且均匀，成核也更为均匀，在很大程度上缩短了晶化时间[4]。

8.1.3 介孔硅的应用

1）催化领域

由于有序介孔材料孔道均一，具有较大的比表面积，可以容纳体积较大的分子或离子基团，因而相比沸石分子筛，具有更好的催化能力。介孔材料能够催化许多类型的反应，通常用作催化剂的载体，例如氧化还原反应、酸催化、碱催化、生物大分子催化、卤化以及光催化等。这是因为相比传统沸石分子筛，介孔材料孔径较大，可以容纳更多的分子在孔道内参与反应，活性中心更加易于接近，特别是在液相反应过程中，分子的扩散阻力较小，并且其孔径分布范围较窄，能够提供更多的选择[5]。

2）吸附与分离

介孔硅具有较大的比表面积、丰富多样的孔道修饰，能够引入有机功能化基团，利用其吸附性能，可吸附分离重金属离子、有机小分子、生物大分子、有害气体等物质[6]。解园园等[7]研究了硅铝比分别为 30、38、44 的 MCM-41 介孔分子筛酸性改性对苯中噻吩的吸附脱除能力。结果表明，硅铝比为 38 的酸性改性 MCM-41 在 50℃时脱硫效率最高。靳昕等[8]以 MCM-41 处理含铬废水，在 pH 值为 6～6.8 时，Cr(VI)初始浓度为 10 mg/g，可使水中 Cr(VI)的去除率达 92.70%，饱和吸附量为 86.56 mg/g。由再生实验可以得出，MCM-41 在酸中浸泡 24 h 以上，再生效果较好，可重复使用。

3）药物缓释

介孔硅理化性质稳定，对人体无毒副作用，且具有大的比表面积和孔容积，可以作为缓释药物的载体。刘琪等[9]采用 KH570 对介孔硅进行嫁接修饰，考察了改性前后的介孔硅对阿维菌素的吸附性能；研究表明，改性后的介孔硅对药物的吸附量得到较大幅度的提高，可作为缓释农药的良好载体。Patricia 等分别用氯丙基、巯基、苯基、氰丙基、丁基对 MCM-41 介孔分子筛进行修饰，比较了修饰后结构参数的变化及对布洛芬载药释药性能差异[10]。研究发现，极性基团与布洛芬之间存在静电作用，由于氯丙基、巯基、氰丙基等的引入，而使 MCM-41 的载药量增加，释药更加缓慢。

8.2 负载型催化剂的制备方法

8.2.1 沉淀法

沉淀法是指在金属盐前驱体溶液中加入沉淀剂，调节溶液的 pH 值，从而使活性组分分散到载体中。

8.2.2　浸渍法

浸渍法是制备负载型催化剂比较常用的方法，一般先将配好的金属盐前驱体溶液与载体混合，然后通过一定时间的搅拌或超声分散使两者充分混合，将金属离子均匀地分散到载体上。

8.2.3　溶胶–凝胶法

溶胶–凝胶法是指以金属盐为前驱体，将前驱体与溶剂混合，而活性组分进行水解缩合反应，制得含金属离子的溶胶，然后将溶胶负载到载体上。这种方法可制得孔径比较均一的催化剂，但是操作比较复杂[11]。

8.3　负载型 Pt-Al/MCM-41 催化剂的制备与结构表征

8.3.1　合成方法

1）MCM-41 的制备[12-14]

加入 1.0 g 十六烷基三甲基溴化铵（CTAB）、100 mL 蒸馏水和 70 mL 浓氨水于三口烧瓶中，在 60℃下恒温搅拌 1 h 后加入 5 g TEOS，继续搅拌 7 h 后停止反应，置于室温中晶化、过滤、洗涤、烘干。然后用 200 mL 酸化乙醇溶液（$V_{盐酸}$∶$V_{乙醇}$=1∶20）去除模板剂 CTAB，并洗涤至中性，再于 400℃下焙烧 2 h，制得介孔硅 MCM-41，简写为 MCM。

2）Pt/MCM-41 的制备

称取 2.0 g 经活化的介孔硅和 35 mL 乙醇（经脱水处理）置于三口烧瓶中，通 N_2 半小时后，加入 15 mL 氯铂酸-乙醇溶液，在 75℃下搅拌 10 h，过滤，烘干，制得 Pt-MCM 催化剂。

3）纳米 Pt-Al/MCM-41 催化剂的制备

称取 2.0 g 经活化的介孔硅和 35 mL 乙醇（经脱水处理）置于三口烧瓶中，通 N_2 半小时后，加入 15 mL 氯铂酸-乙醇溶液，在 75℃下搅拌 10 h，再用高纯氮气将乙醇蒸干，然后加入 20 mL 氯化铝-乙醇溶液和 30 mL 乙醇，搅拌 10 h，过滤，烘干，制得 Pt/Al-MCM 催化剂。按照不同的 Pt-Al 摩尔比（Pt∶Al=1∶1、1∶2、1∶4 和 1∶8）制得 Pt_1Al_1-MCM、Pt_1Al_2-MCM、Pt_1Al_4-MCM 和 Pt_1Al_8-MCM 催化剂。

8.3.2 红外光谱分析

图 8-1 为 MCM-41、Pt-Al/MCM-41 催化剂的 FTIR 图。如图所示，在 3432 cm^{-1} 和 1635 cm^{-1} 处的吸收峰为—OH 的特征峰，在 1082 cm^{-1} 和 803 cm^{-1} 处的吸收峰为 Si—O—Si 键的伸缩振动峰；对比 Pt/MCM-41 催化剂的谱线可知，当引入 Al 元素时，在 2508 cm^{-1} 和 1242 cm^{-1} 处出现了特征峰，分别是 Al—OH 键的弯曲振动峰和 Al—O—Al 键的不对称伸缩振动峰。随着引入 Al 金属含量的增多，在 2508 cm^{-1} 和 1242 cm^{-1} 处出现的特征峰强度会增加，故可初步判断已合成了目标催化剂。

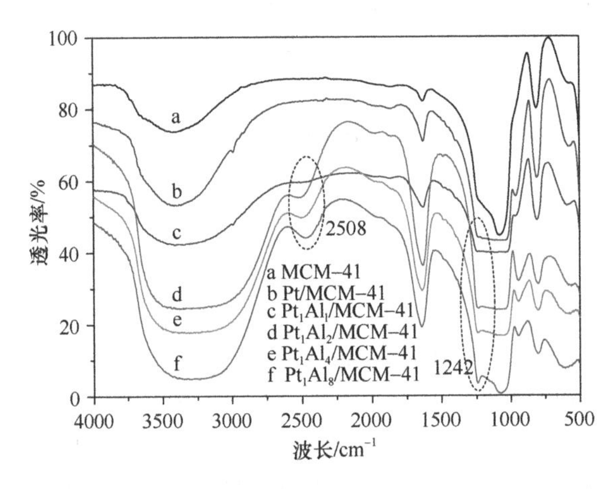

图 8-1　MCM-41 和 Pt-Al/MCM-41 催化剂的 FTIR 图

8.3.3 氮气吸附-脱附分析

图 8-2 为 MCM-41、Pt-Al/MCM-41 催化剂的 N_2 吸附-脱附等温线图及相应的孔径分布图。由图 8-2（a）可知，所有测试样品的等温线均属于朗缪尔 IV 型且具有 H1 型滞后环，说明其均属于介孔材料。介孔硅 MCM-41 等温线在相对压力小于 0.2 的区间内，其吸附量增加较快，而在相对压力为 0.3～0.5 范围内，其吸附量垂直上升，这是由于介孔硅的孔道内出现毛细管凝聚现象而产生的。观察图 8-2（b）和表 8-1 可知，样品的孔径分布比较集中，引入 Al 的 Pt/MCM-41 催化剂，其比表面积和孔容积均有所下降，且随着 Al 用量的增加，Pt-Al/MCM-41 催化剂的比表面积和孔容积都逐步下降，这是因为 Al 占据了介孔硅的孔道而使催化剂的孔结构发生变化。

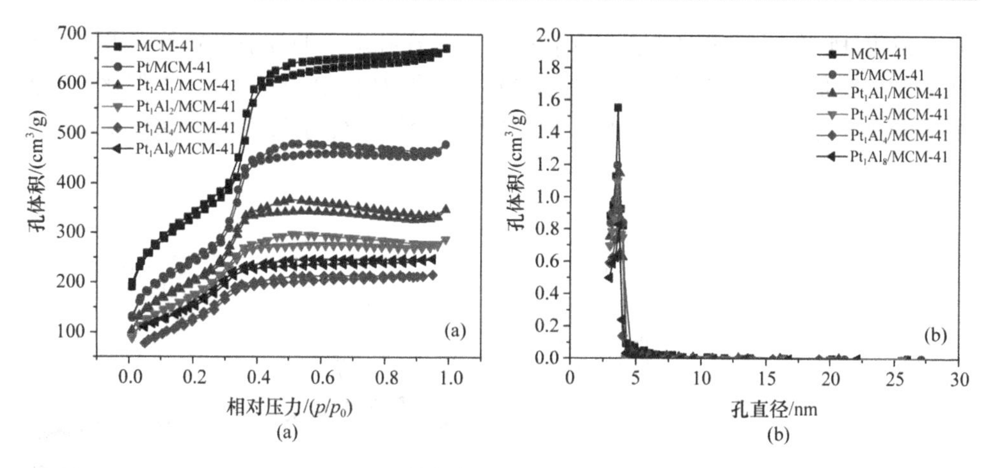

图 8-2　MCM-41、Pt-Al/MCM-41 催化剂的 N_2 吸附–脱附等温线图(a)和孔径分布图(b)

表 8-1　催化剂的孔结构参数

样品	比表面积/（m^2/g）	孔径/nm	孔容积 /（cm^3/g）	$d_{Pt,\ XRD}$/nm	$d_{Pt,\ TEM}$/nm
Pt_1-MCM-41	856.51	3.03	0.185	4.41/3.17	3.67
Pt_1Al_1-MCM-41	812.19	3.01	0.165	3.44/2.82	3.28
Pt_1Al_2-MCM-41	637.41	3.01	0.106	3.36/2.63	3.16
Pt_1Al_4-MCM-41	543.52	3.00	0.066	5.59/4.98	5.47
Pt_1Al_8-MCM-41	227.23	2.99	0.049	6.47/5.18	6.12

注：$d_{Pt,\ XRD}$ 为晶面（111）/（200）上 Pt 晶粒的粒径大小；$d_{Pt,\ TEM}$ 为 Pt 晶粒的平均粒径大小。

8.3.4　XRD 分析

图 8-3 为 MCM-41、Pt-Al/MCM-41 催化剂的 XRD 图，根据谢乐（Scherrer）公式计算 Pt 晶粒的粒径大小，结果如表 8-1 所示。如图 8-3（A）所示，介孔硅 MCM-41 在 2θ 为 2.19°、3.80°、4.39°和 6.17°处出现了（100）、（110）、（200）和（210）四个晶面较强的衍射峰，说明其具有高度有序的孔道结构，且属于典型的六方相孔道结构。当负载一定量的金属时，Pt-Al/MCM-41 催化剂在（100）、（110）和（200）三个晶面的衍射峰强度在不同程度上有所减弱，但依然为有序的六方孔道结构；当 Pt-Al 摩尔比增加到 1∶8 时，样品在（100）晶面的衍射峰强度变得很弱，且在（110）和（200）晶面的衍射峰消失，说明其孔道有所变化，降低了其有序度。由此判断，Al 已负载于介孔硅中，且在一定程度下降低其有序度。

由图 8-3（B）可知，催化剂在 2θ 为 39.7°、46.3°、67.4°、81.3°处出现了四个较强的衍射峰，分别属于金属 Pt 在（111）、（200）、（220）和（311）晶面的衍射

峰，说明 Pt 金属已成功负载到介孔硅上，且在孔道上的分散度较好。此外，与 Pt/MCM-41 催化剂的谱线对比，随着 Al 用量的增加，Pt-Al/MCM-41 催化剂的四个衍射峰强度逐渐减弱，这是由于 Al 用量的增加，会对 Pt 晶粒有所掩盖而降低了其衍射峰强度。

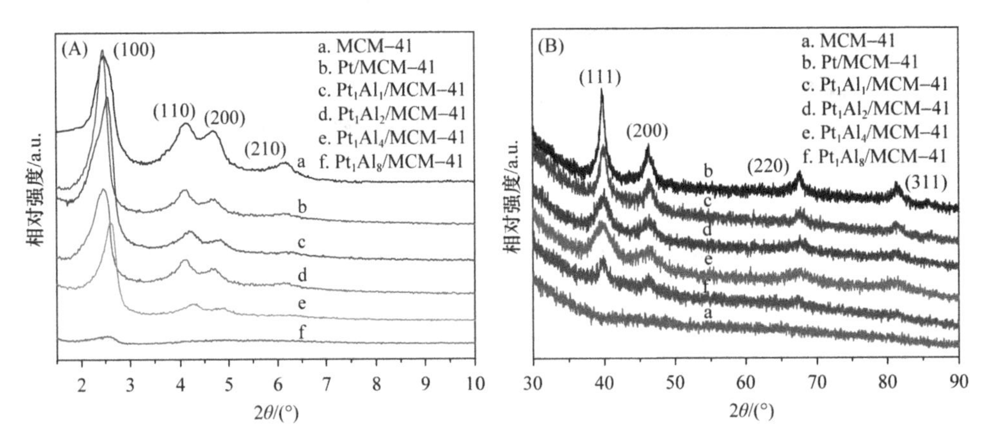

图 8-3　MCM-41、Pt-Al/MCM-41 催化剂的小角（A）和广角（B）XRD 图

8.3.5　透射电镜分析

图 8-4 为 Pt-Al/MCM-41 催化剂的 TEM 图和相应的 Pt 晶粒的粒径分布图，其中图 8-4（a）～（f）分别代表 Pt/MCM-41、Pt_1Al_1/MCM-41、Pt_1Al_2/MCM-41、Pt_1Al_4/MCM-41、Pt_1Al_8/MCM-41 的 TEM 图和 Pt 晶粒的粒径分布图。由图 8-4（a）～（e）可知，Pt 晶粒已成功负载于介孔硅上，其中图（a）中未负载 Al 的催化剂，其分散性差，发生团聚现象，而其他负载 Al 的催化剂分散度较好。此外，Pt/MCM-41 催化剂中 72%的 Pt 晶粒尺寸分布在 2～4 nm 之间；Pt_1Al_1/MCM-41 催化剂中 78%的 Pt 晶粒粒径在 2～4 nm 范围内；Pt_1Al_2/MCM-41 催化剂中 80%的 Pt 晶粒粒径分布在 2～4 nm 之间；当 Al 用量较大时，Pt 晶粒的粒径明显增大，主要分布在 5～6 nm 之间，说明随着 Al 负载量的增加，Pt 晶粒的粒径呈现先减小后增大的趋势。这是因为加入少量 Al 时，可对 Pt 晶粒起到“隔离”和“锚定”作用，有利于提高其分散度和减小粒径；然而，加入过多的 Al，“锚定”作用过强，使 Pt 晶粒容易团聚，则粒径会变大。因此，在本研究范围内，Pt_1Al_2/MCM-41 催化剂的 Pt 颗粒的分散度最好，平均粒径最小，为 3.16 nm，这与表 8-1 中的 XRD 分析结果相一致，其在晶面（111）/（200）上的粒径也最小，为 3.36 nm/2.63 nm。

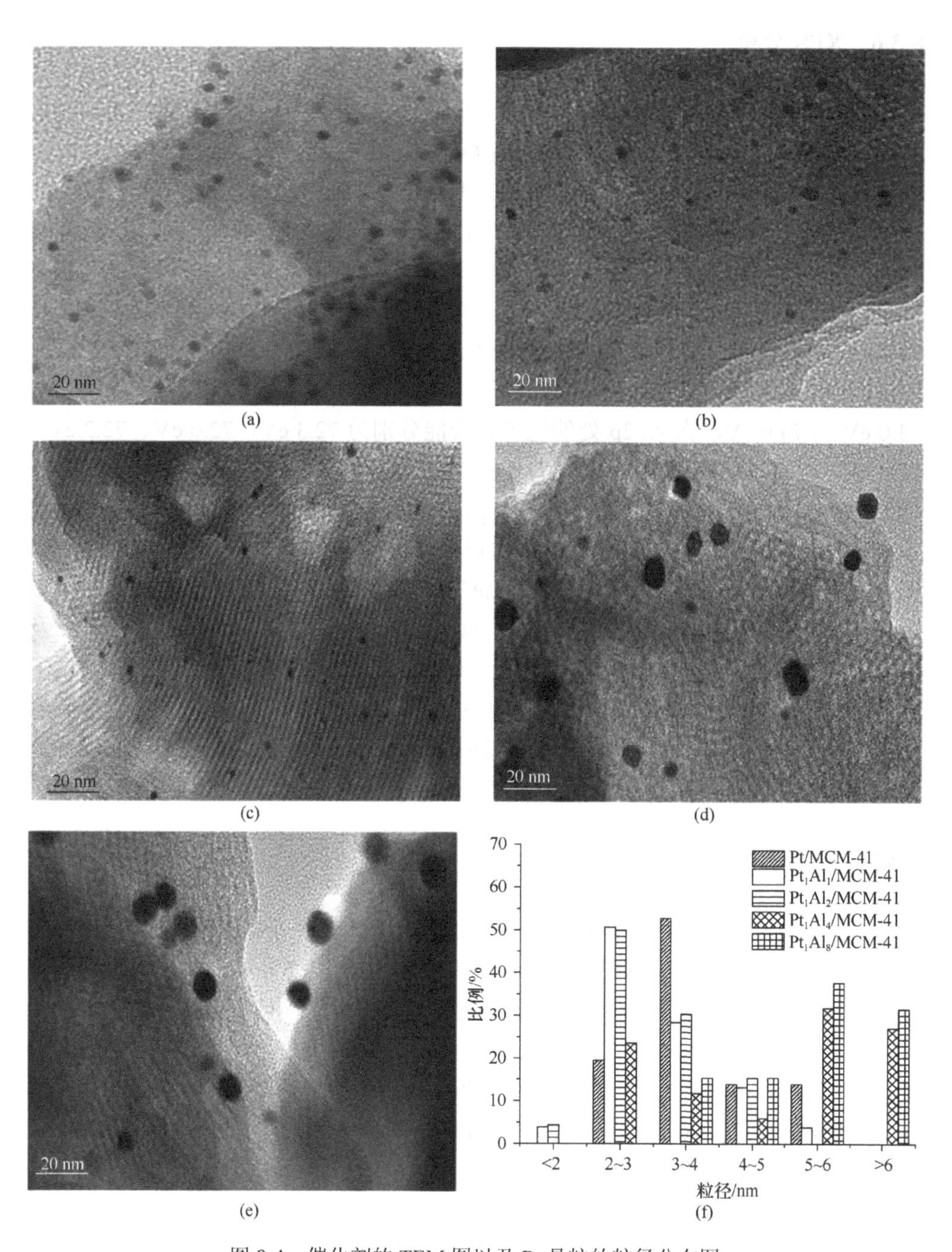

(a)　(b)　(c)　(d)　(e)　(f)

图 8-4　催化剂的 TEM 图以及 Pt 晶粒的粒径分布图

8.3.6 XPS 分析

图 8-5 为 MCM-41、Pt-Al/MCM-41 催化剂的 XPS 图。图 8-5（A）为样品的 XPS 扫描全谱，其中显示各样品均含有 O、C、Cl、Si 元素，当负载 Pt 晶粒时，五个样品均存在 Pt 元素，当加入 Al 时，四个样品均存在 Al 元素。图 8-5（B）的 XPS 谱经分峰处理后得到 3 个拟合峰，分别归属于 Pt^0 的 Pt $4f_{5/2}$、Pt $4f_{7/2}$ 特征峰和 Al^0 的 Al 2p 特征峰，且随着 Al 用量的增加，在 Pt $4f_{7/2}$ 处的电子峰有所减弱。其中，Pt/MCM-41、Pt_1Al_1/MCM-41、Pt_1Al_2/MCM-41、Pt_1Al_4/MCM-41 以及 Pt_1Al_8/MCM-41 催化剂在 Pt $4f_{5/2}$ 处的电子结合能分别为 76.3 eV、75.9 eV、75.8 eV、75.5 eV 和 75.4 eV，在 Pt $4f_{7/2}$ 处的电子结合能分别为 73.1 eV、73.2 eV、73.3 eV、74.0 eV 和 74.0 eV，在 Al 2p 处的电子结合能分别为 72.3 eV、72.6 eV、72.2 eV、72.3 eV，对比单质 Pt^0 的 Pt $4f_{5/2}$（74.5 eV）、Pt $4f_{7/2}$（71.2 eV）和单质 Al^0 的 Al 2p（72.9 eV）结合能可知，样品中 Pt 的电子结合能向高能量偏移，而 Al 的电子结合能向低能量偏移，这是由于 Pt-Al 的相互作用使 Pt 晶粒的电子向 Al 转移。由图 8-5（C）和表 8-2 可知，加入 Al 金属后，四个样品均存在归属于 Al^0 的 Al 2s 特征峰，其中，Pt_1Al_1/MCM-41、Pt_1Al_2/MCM-41、Pt_1Al_4/MCM-41 以及 Pt_1Al_8/MCM-41 催化剂中 Al 含量分别为 0.8%、1.34%、2.64%和 5.12%，其电子结合能分别为 120.1 eV、120.1 eV、120.3 eV 和 120.4 eV，Al 的电子结合能随着 Al 负载量的增大而增大，这是因为金属铂与铝之间存在较强的作用力，且催化剂中的铝含量越大，其作用力越强。

8.3.7 催化活性测试

为了评价不同 Pt/Al 摩尔比中催化剂的催化活性，在反应温度为 95℃，反应物摩尔比 n（聚醚）：n（MD^HM）=0.9：1，反应时间为 5 h 和催化剂用量为反应物总用量的 0.3%的条件下，观察各催化剂对转化率的影响研究，结果如表 8-3 所示。由表可知，当 Pt/Al 比大于 1：2 时，随着 Al 用量的增加，转化率有所提高，而加入过多的 Al，则会使 Pt 晶粒团聚现象增强，从而降低转化率。因此，加入适量的 Al 能够有效提高反应物的转化率，Pt/Al 摩尔比为 1：2 的 Pt-Al/MCM-41 催化剂的催化效果相对最好。

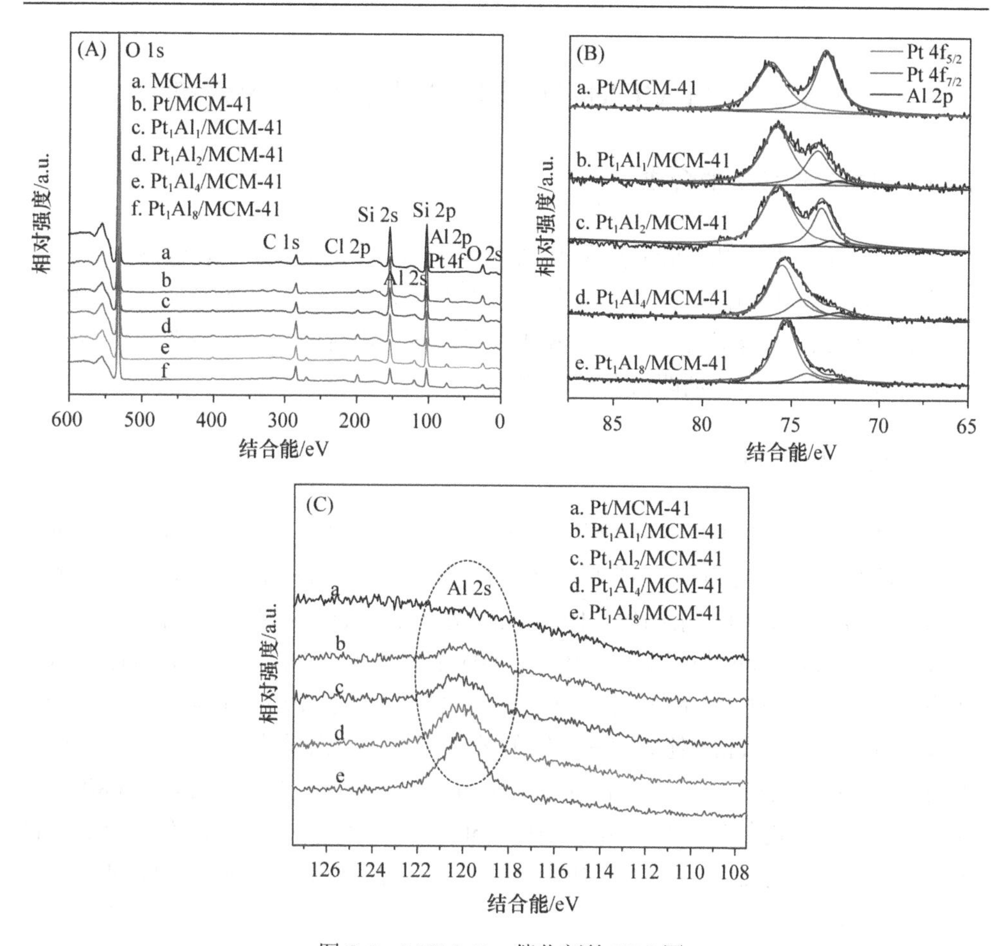

图 8-5 MCM-41、催化剂的 XPS 图

表 8-2 不同催化剂中铂和铝的电子结合能

样品	Pt/MCM-41	Pt_1Al_1/MCM-41	Pt_1Al_2/MCM-41	Pt_1Al_4/MCM-41	Pt_1Al_8/MCM-41
Pt $4f_{5/2}$ / eV	76.3	75.9	75.8	75.5	75.4
Pt $4f_{7/2}$ / eV	73.1	73.2	73.3	74.0	74.0
Al 2p / eV	—	72.3	72.6	72.2	72.3
Al 2s / eV	—	120.0	120.1	120.3	120.4
Al 含量 / %	—	0.80	1.34	2.64	5.12

表 8-3 不同 Pt/Al 摩尔比的催化剂对转化率的影响

样品	Pt_1Al_0/MCM-41	Pt_1Al_1/MCM-41	Pt_1Al_2/MCM-41	Pt_1Al_4/MCM-41	Pt_1Al_8/MCM-41
转化率/%	83.52	84.91	87.88	83.23	81.54

8.4　Pt-Al/MCM-41 催化合成有机硅增效剂

8.4.1　有机硅增效剂的合成

将一定量的七甲基三硅氧烷和 Pt_1Al_2/MCM-41 催化剂置于三口烧瓶中，在氮气保护下，于 80℃恒温搅拌 0.5 h，待温度升至预定的温度，开始滴加聚乙二醇烯丙基醚，控制滴加速率为 1 滴/s；滴加完后反应一段时间，减压蒸馏，待溶液冷却至室温，过滤出催化剂即得有机硅增效剂。

8.4.2　红外光谱分析

图 8-6 为反应物和合成产物的 FTIR 图。由图中谱线 a 可知，在 2150 cm^{-1} 处的吸收峰为 Si—H 键的特征吸收峰，1258 cm^{-1} 和 845 cm^{-1} 处为 Si—C 键的弯曲振动吸收峰和伸缩振动峰，1063 cm^{-1} 处为 Si—O—Si 键的伸缩振动峰。谱线 b 中，在 3432 cm^{-1} 处的吸收峰为—OH 的特征峰，2893 cm^{-1} 和 1453 cm^{-1} 处为—CH_2 的伸缩振动峰和弯曲振动峰，1641 cm^{-1} 处的吸收峰为 C═C 键的特征吸收峰，在 1120 cm^{-1} 处为 C—O 键的伸缩振动峰。而谱线 c 中，在 3455 cm^{-1} 处为—OH 的吸收峰，在 2952 cm^{-1} 和 2863 cm^{-1} 处为—CH_3 的振动峰，在 1080 cm^{-1} 处为 Si—O—Si 键的伸缩振动峰，且在 2150 cm^{-1} 和 1641 cm^{-1} 处没有出现 Si—H 键和 C═C 键的特征吸收峰，说明产物基本上不含低沸物了，初步可以判断已合成目标产物。

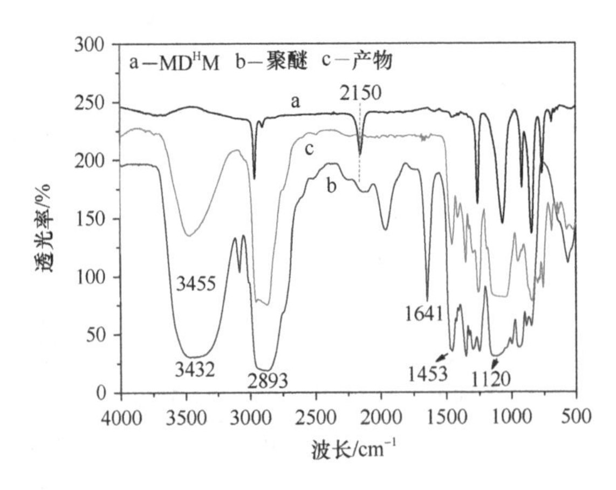

图 8-6　MD^HM、聚醚和产物的红外光谱图

8.4.3　^{1}H NMR 分析

图 8-7 为反应物和合成产物的核磁共振氢谱图。由图可知，化学位移 δ_1=0.13 为 Si—CH_3 的质子峰，δ_2=1.60 为 Si—CH_2 中亚甲基的质子峰，δ_3=2.54 为—OH 的质子峰，δ_4=3.66 为—(OCH_2CH_2)—的质子峰，δ_5=4.03 为聚醚中亚甲基的质子峰，δ_6=4.61 为 Si—H 中的氢，δ_7=5.30 为烯丙基的亚甲基 CH_2═上的氢，δ_8=5.82 为烯丙基次甲基═CH 上的氢，δ_9=7.25 为 $CDCl_3$ 上的氢。对比图 8-7 中（a）、（b）和（c）图，图（c）中没有出现 Si—H 和 CH_2═$CHCH_2$—的质子峰，说明产物已经完全反应。结合上述 FTIR 分析，可得出该实验已合成目标产物。

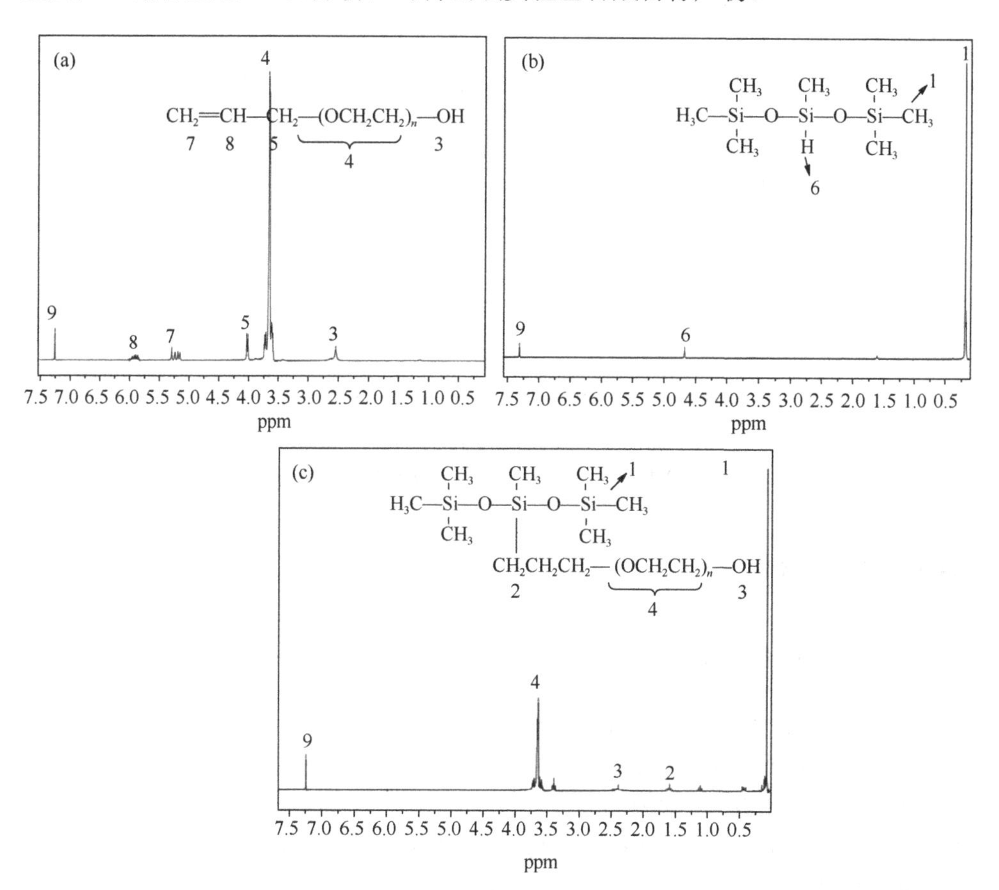

图 8-7　聚醚（a）、$MD^{H}M$（b）和产物（c）的 ^{1}H NMR 图

8.4.4　^{13}C NMR 分析

图 8-8 为反应物和合成产物的核磁共振碳谱图。由图可见，曲线 b 中，未看到向上的 CH 的峰，向下的峰是由于甲基与亚甲基信号过强，导致信号难以完全消除所致；曲线 c 中，化学位移 δ 为 12.62 和 23.31 处出现了碳原子向下的信号，均为—CH_2—的共振吸收峰，都属于仲碳，而化学位移 δ 为 0.28 和 1.96 处显示了碳原子向上的信号，均为—CH_3 的共振峰，属于伯碳。经过分析发现，并没有出现次甲基—CH—的碳原子信号。因此，可判断合成的产物属于 β 加成产物。

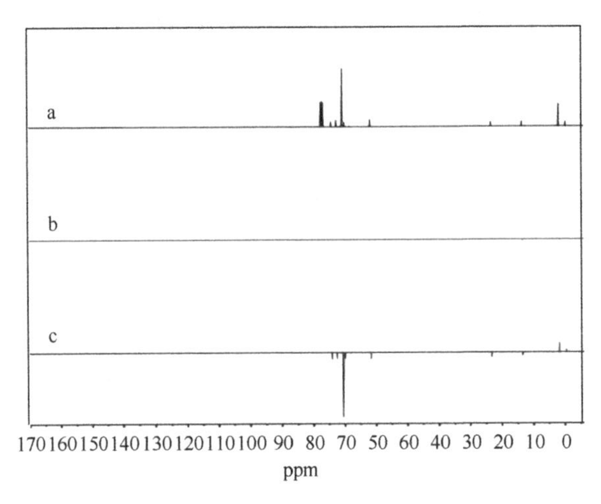

图 8-8　产物的 ^{13}C NMR（a）、DEPT 谱[θ=90°（b）和 θ=135°（c）]

8.4.5　单因素分析

1. 反应物的摩尔比对转化率的影响

在反应时间 t=3 h，反应温度 T 为 95℃，催化剂用量为反应物总用量的 0.4%条件下，考察反应物的摩尔比对七甲基三硅氧烷的转化率影响，结果如图 8-9 所示。由图可知，随着 n（聚醚）与 n（硅烷）比值的增加，七甲基三硅氧烷的转化率先增加后趋于平缓。当 n（聚醚）与 n（MD^HM）的比值从 0.7∶1 增加到 1.0∶1 时，转化率明显提高，从 63.2%增加至 90.1%；当 n（聚醚）与 n（MD^HM）的比值超过 1.0∶1，继续增加，转化率变化不明显，仍保持在 90%左右。因此，选择反应物摩尔比为 1.0∶1 为宜。

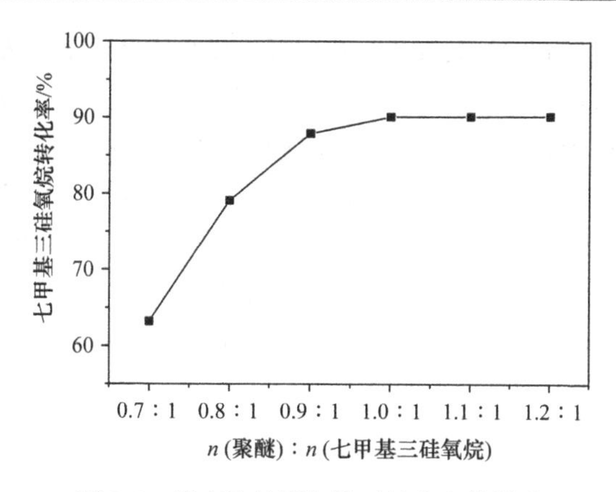

图 8-9　反应物的摩尔比对转化率的影响

2. 反应时间对转化率的影响

在反应温度为 95℃，反应物摩尔比 n（聚醚）∶n（MD^HM）=1.0∶1 和催化剂用量为反应物总用量的 0.4%条件下，考察反应时间对七甲基三硅氧烷的转化率影响，结果如图 8-10 所示。由图可知，反应时间为 1 h 时，转化率仅为 34.8%，说明反应不充分。随着时间的增加，转化率也在缓慢增加，当 t=3 h 时，转化率为 61.2%，增幅为 26.4%；当反应时间从 3 h 增加至 4 h，转化率明显增大，达到 90%，这是因为物料与介孔中的铂充分接触，使反应进行得更加彻底，从而增加七甲基三硅氧烷的转化程度；当反应时间超过 4 h，转化率增加不明显，呈现平缓的趋势。因此，反应时间选择为 4 h。

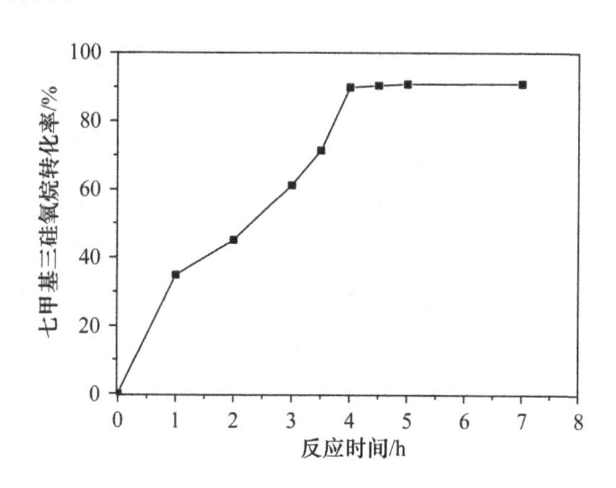

图 8-10　反应时间对转化率的影响

3. 反应温度对转化率的影响

在反应时间 t=3 h，反应物摩尔比 n（聚醚）∶n（MD^HM）=0.9∶1 和催化剂用量为反应物总用量的 0.4%条件下，考察反应温度对七甲基三硅氧烷的转化率的影响，结果如图 8-11 所示。由图可知，升高温度，转化率呈现先快速增加后有所降低的趋势。在 85～90℃的温度区间内，转化率增加较快，增幅为 17.4%；在 90～100℃的温度区间内，转化率增加得较为缓慢；在 100～110℃的温度区间内，硅烷的转化程度没有明显变化；在 110～120℃的温度区间内，随着温度的增加，转化率有所下降，说明温度升高有助于硅氢键的断裂，有利于反应的进行，从而提高转化率，而温度过高使体系黏度增加，不利于反应的进行，从而降低催化效率。因此，反应温度选择为 100℃。

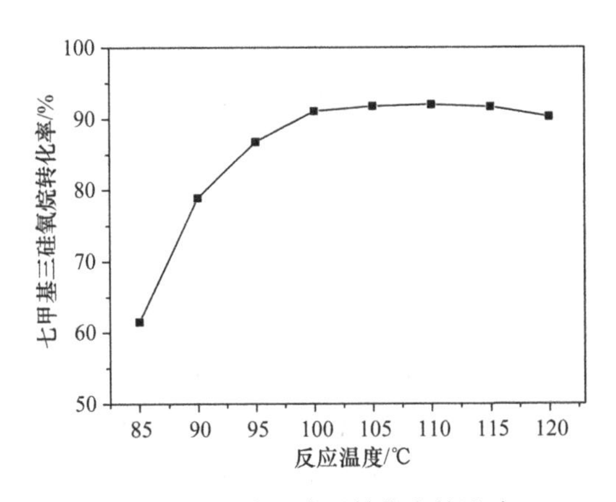

图 8-11　反应温度对转化率的影响

4. 催化剂用量对转化率的影响

在反应时间 t=3 h，反应温度 T 为 95℃，反应物摩尔比 n（聚醚）：n（MD^HM）= 0.9：1 的条件下，考察催化剂用量对七甲基三硅氧烷的转化率影响，结果如图 8-12 所示。由图可知，随着催化剂用量的增加，七甲基三硅氧烷的转化率也增加较快，当催化剂用量为 0.4%时，转化率为 85.4%，这是因为铂催化剂用量的增加，加大了反应液与活性中心的碰撞概率，从而提高了反应速率；在催化剂用量在 0.4%～0.6%区间内，转化率增加较慢；当催化剂用量超过 0.6%，硅烷的转化程度没有发生较大变化，与催化剂用量为 0.6%的效果相当，转化率约为 90%。因此，催化剂用量选择为 0.6%。

8.4.6　正交分析

1. 正交表的设计

根据单因素分析，该反应主要有反应物摩尔比、反应时间、反应温度和催化剂用量，选择正交表 L_9（3^4）进行实验，如表 8-4 和表 8-5 所示。

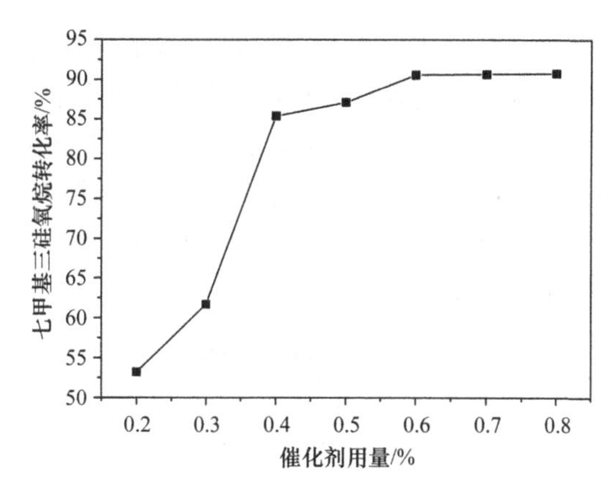

图 8-12　催化剂用量对转化率的影响

表 8-4　正交表设计

试验号＼列号	1	2	3	4
1	1	1	1	1
2	1	2	2	2
3	1	3	3	3
4	2	1	2	3
5	2	2	3	1
6	2	3	1	2
7	3	1	3	2
8	3	2	1	3
9	3	3	2	1

表 8-5　因素水平表

位级＼因素	反应温度 T/℃ A	反应时间 t/h B	摩尔比 C	催化剂用量/% D
1	105	4.5	0.9∶1	0.6
2	95	4.0	1.0∶1	0.5
3	100	3.5	1.1∶1	0.7

2. 直观分析

各反应条件对七甲基三硅氧烷的转化率影响的直观分析，如表 8-6 所示。根据极差计算可知反应时间的变化对七甲基三硅氧烷的转化率的影响较为显著，反应温度和反应物摩尔比次之，而催化剂用量对转化率的影响是最小的，即 B>A>C>D。这说明增加反应时间，使得物料与催化剂充分接触，反应完全，达到了反应所需的活化能，从而增加七甲基三硅氧烷的转化程度；适当的温度有利于反应的进行，然而温度过高容易导致催化剂中的铂析出，从而降低转化率。对于 A 因素的水平优劣排序为 $A_3>A_1>A_2$，B 因素的水平优劣排序为 $B_2>B_1>B_3$，C 因素的水平优劣排序为 $C_3>C_2>C_1$，D 因素的水平优劣排序为 $D_2>D_1>D_3$。因此，正交实验的最优组合为 $A_3B_2C_3D_2$，即反应时间为 4 h、温度为 100℃、摩尔比为 1.1∶1 以及催化剂用量为 0.5%。

表 8-6　各反应条件对七甲基三硅氧烷的转化率影响的直观分析

试验号＼列号	温度/℃ A	时间/h B	摩尔比 C	催化剂用量/% D	转化率 /%
1		1（4.5）	1（0.9∶1）	1（0.6）	84.3
2	1（105）	2（4.0）	2（1.0∶1）	2（0.5）	90.6
3		3（3.5）	3（1.1∶1）	3（0.7）	78.3
4		1	2	3	84.6
5	2（95）	2	3	1	89.8
6		3	1	2	75.9
7		1	3	2	93.8
8	3（100）	2	1	3	92.5
9		3	2	1	81.7
I	253.2	262.7	252.7	255.8	T=771.5 因素主次：反应时间、反应温度、摩尔比、催化剂用量，即 B、A、C、D 较优生产条件：反应时间为 4 h、温度为 100℃、摩尔比为 1.1∶1、催化剂用量为 0.5%，即 A_3、B_2、C_3、D_2
II	250.3	272.9	256.9	260.3	
III	268.0	235.9	261.9	255.4	
k_1	84.4	87.6	84.2	85.3	
k_2	83.4	91.0	85.6	86.8	
k_3	89.3	78.6	87.3	85.1	
R	5.9	12.3	3.1	1.5	

3. *方差分析*

为了进一步验证各反应条件对七甲基三硅氧烷的转化率影响，对正交实验结果进行方差分析，研究结果如表 8-7 所示。由表可知，$F(t)>F_{0.01}(2, 4)$，说明反应时间对硅烷的转化率的影响十分显著；$F_{0.05}(2, 4)>F(T)>F_{0.10}(2, 4)$，说明温度对转化率的影响显著；反应物摩尔比和催化剂用量对转化率的影响都不明显，但摩尔比对转化率的影响比催化剂用量的影响大。因此，各反应条件对七甲基三硅氧烷的转化率影响的显著性顺序为反应时间、温度、反应物摩尔比、催化剂用量。

表 8-7　各反应条件对七甲基三硅氧烷的转化率影响的方差分析

方差来源	平方和	自由度	均方	F 值	F 临界值			显著性
					0.10	0.05	0.01	
反应时间/h	243.5	2	121.7	25.5	4.32	6.94	18.0	可以看出反应时间对转化率的影响非常显著，温度对转化率的影响显著
反应温度/℃	60.1	2	30.0	6.3	4.32	6.94	18.0	
催化剂用量/%$^{\triangle}$	4.9	2	2.5					
摩尔比$^{\triangle}$	14.1	2	7.1					
总偏差	322.6	8						
误差$^{\triangle}$	19.0	4	9.6					

△表示反应物摩尔比和催化剂用量对转化率的影响都不明显，但摩尔比对转化率的影响比催化剂用量的影响大。误差影响不显著。

8.4.7　Pt_1Al_2-MCM-41 的稳定性评价

称取一定量的七甲基三硅氧烷于烧瓶中，并加入 Pt_1Al_2/MCM-41 催化剂，常温搅拌 24 h，对其进行抽滤，得到粉末状的 Pt_1Al_2/MCM-41 催化剂，将澄清液放入烧瓶中，按最优工艺条件进行反应，反应结束后检测是否得到所需产物。经过红外光谱仪和核磁共振氢谱分析可知，实验结果并没有检测到产物相应的共振峰，即混合液中没有目标产物，两种反应物并没有进行硅氢加成反应，故可认为催化剂在搅拌过程中并未析出铂或析出很少的铂，不足以进行催化反应。因此，实验说明了反应中起作用的是吸附在介孔硅孔道中的铂，Pt_1Al_2/MCM-41 催化剂具有很好的稳定性。

8.4.8　Pt_1Al_2-MCM-41 的回收利用评价

为了评价催化剂的重复使用性，在最优工艺条件下，将进行一次反应后过滤所得的催化剂继续用于下一次反应，结果如图 8-13 所示。由图可见，Pt_1Al_2/MCM-41

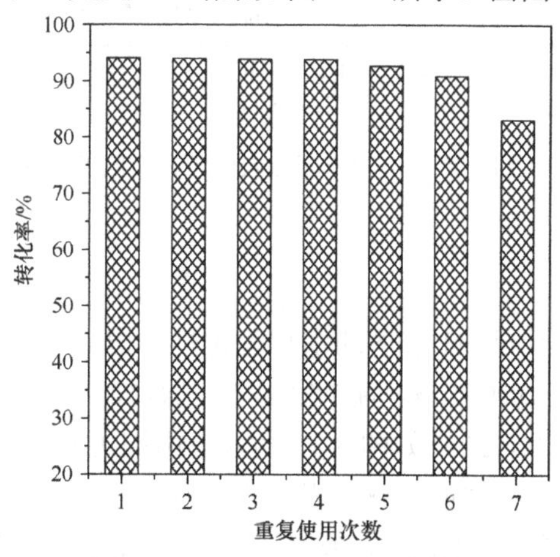

图 8-13　Pt_1Al_2/MCM-41 催化剂的重复使用次数对转化率的影响

催化剂重复使用 4 次，转化率变化不明显，基本保持在 94%左右，在使用第 6 次时，其转化率稍有减小，但转化率仍大于 90%，而当使用第 7 次时，转化率有较为明显地降低，但依然保持在 80%以上。综上所述，Pt_1Al_2/MCM-41 催化剂重复使用 6 次无明显失活，说明了该催化剂具有良好的稳定性和重复使用性，也说明了铂粒子与载体之间结合力很好，两者之间有较强的作用力。

8.5　有机硅增效剂的性能

8.5.1　临界胶束浓度

图 8-14 为产物不同水溶液浓度与其表面张力之间的关系图。观察图可知，随着浓度的增大，表面张力不断降低，当出现转折点时，对应的浓度为 6.81×10^{-4} mol/L，表面张力为 20.82 mN/m，此后，表面张力没有明显变化。故临界胶束浓度 CMC 值为 6.81×10^{-4} mol/L，γ_{CMC} 为 20.82 mN/m，说明合成的有机硅表面活性剂能有效降低表面张力。

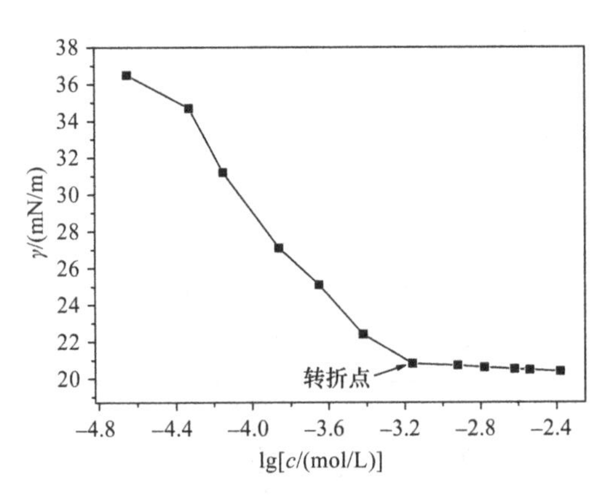

图 8-14　产物不同浓度与表面张力之间的关系图

8.5.2　水解性能测试

为了了解产物在不同 pH 值下的水解稳定性，分别配制 pH 为 4、7 和 11 的质量分数为 0.1%的产物水溶液，置于室温下，探讨时间对溶液表面张力的影响，从而判断其水解稳定性，结果如图 8-15 所示。由图可知，随着时间的不断延长，处于不同 pH 环境下的产物水溶液的表面张力均有不同程度的增加，其中，当处于酸性条件下，溶液的表面张力显著增加；这是因为当 pH=4 时，大大提高了

Si—O—Si 键与水分子的碰撞概率，使两者极易结合，促进水解反应的进行，从而使得合成的有机硅表面活性剂不能稳定地存在于酸性条件中；当处于中性条件下，溶液的表面张力没有出现明显变化，说明其在中性环境中的稳定性较好；当处于碱性条件下，随着时间的增加，表面张力先缓慢增加后变化幅度加大。静置 20 天，表面张力变化的幅度不大，保持在 24 mN/m；静置 21 天后，随着时间增加，表面张力的变化幅度不断加大，这可能是由于碱性环境加速了 Si—O—Si 键的水解反应。因此，产物在中性环境中的稳定性较好，碱性次之，而在酸性条件下的稳定性相对最差。

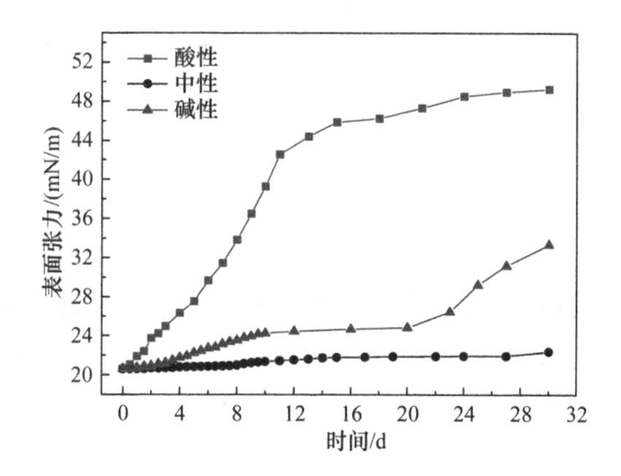

图 8-15 不同的 pH 值对产物表面张力的影响

8.6 有机硅增效剂在农用助剂上的应用

8.6.1 试验方法

田间采集整株长势相近的幼嫩的绵毛酸模叶蓼，用质地一样的土壤进行培养，待长至 30 cm 时，进行茎叶喷雾处理。以清水为对照，用不同含量的除草剂和不同浓度的助剂水溶液（见表 8-8）进行喷洒，观察每天处理后的外形变化，并测定其含水量和叶绿素含量。

表 8-8 喷洒药剂实验设计表

组号	除草剂含量/（g/kg）	助剂含量/%
1（对照组）	0	0
2	0	0.1
3	0.5	0

续表

组号	除草剂含量/（g/kg）	助剂含量/%
4	0.5	0.01
5	0.5	0.05
6	0.5	0.1
7	2	0
8	2	0.01
9	2	0.05
10	2	0.1

8.6.2　指标测定方法

1. 含水量的测定

将经过 7 d 处理的整株绵毛酸模叶蓼，去污，称量其质量为 m_0，再将其置于 120 ℃的鼓风干燥箱中烘 1 h，称量其质量为 m_1，重复 3 次，含水量计算公式如下：

$$含水量=\frac{m_0-m_1}{m_0}$$

2. 叶绿素含量的测定

先摘取经 3 d 处理的绵毛酸模叶蓼的叶片，去污，剪碎，然后称取 0.5 g 剪碎的叶片（取样时避开大的叶脉），放入 15 mL 的具塞离心管中，并用 80%的丙酮溶液定容，在暗处静置 72 h 至材料完全变白，最后采用紫外分光光度计在波长为 645 nm 和 663 nm 下测量上清液的吸光度，重复 3 次，以丙酮为空白对照，叶绿素含量计算公式如下：

$$C_{\mathrm{a}}=12.7A_{663}-2.59A_{645}$$

$$C_{\mathrm{b}}=22.9A_{645}-4.67A_{663}$$

$$叶绿素含量=\frac{V\times C_{\mathrm{a+b}}}{W_{\mathrm{f}}\times 1000}$$

式中，C_{a}、C_{b}和 $C_{\mathrm{a+b}}$ 为叶绿素 a、叶绿素 b 和叶绿素 a+b 的浓度，mg/L；A_{663} 和 A_{645} 为波长为 663 nm 和 645 nm 的吸光度；V 为提取液的体积，mL。

3. 表面张力和扩展直径的测定

将使它隆除草剂用去离子水稀释，配制成浓度为 0.80 g/L 的溶液，再加入一定量的助剂，搅拌均均，用接触角仪测量其表面张力；用移液枪移取 5 μL 的混合液于载玻片上，静置 10 min 后测量液滴的最大和最小直径，取平均值即为液滴的扩展直径，平行 3 次。

4. 最大持留量的测定

剪取一定面积 S 的叶片，称量其质量，记为 m_2，然后放入药液中浸泡 20 s 后取出，待没有液滴落下时称量其质量，记为 m_3，最大持留量计算公式如下：

$$持留量=\frac{m_3-m_2}{2S}$$

8.6.3　施药后绵毛酸模叶蓼的形貌变化

施药后绵毛酸模叶蓼的形貌变化情况如表 8-9 所述。由表可知，随着时间的增加，经施药的绵毛酸模叶蓼的生长状况逐渐变差，施药 6 d 后，第 5 组、第 6 组、第 9 组和第 10 组整株植物枯死，没有生命特征。此外，由第 3～6 组和第 7～10 组可知，农用助剂的加入明显提高了除草剂的除草性能，加速了杂草的枯死；对比第 1 组和第 2 组，仅喷洒有机硅助剂的水溶液的植株生长良好，这说明有机硅增效剂作为农用助剂对绵毛酸模叶蓼植物并没有明显的毒害作用。

表 8-9　施药后绵毛酸模叶蓼的形貌变化

组号	天数		
	1 d	3 d	6 d
1（清水）	茎叶呈深绿色	茎叶呈深绿色	茎叶呈深绿色
2（助剂）	茎叶呈深绿色	茎叶呈深绿色	茎叶呈深绿色
3	叶下垂	叶变黄	出现褐点
4	叶下垂	叶变黄	出现褐点，茎缺绿
5	叶下垂	叶枯黄，茎缺绿	全枯死
6	叶下垂	叶枯黄，茎缺绿	全枯死
7	叶下垂	叶变黄，出现白点	叶枯黄，茎缺绿
8	叶下垂	叶变黄，出现褐点	叶枯死
9	叶下垂	叶枯黄，茎缺绿	全枯死
10	叶下垂	叶枯黄，茎缺绿	全枯死

8.6.4　施药后绵毛酸模叶蓼的含水量和叶绿素含量的变化

图 8-16 为施药 6 d 后绵毛酸模叶蓼的含水量和叶绿素含量的变化状况图。

由图可知，喷洒除草剂后的绵毛酸模叶蓼，其含水量和叶绿素含量都有明显的减少，而有机硅增效剂的加入，使得植株中的含水量和叶绿素含量大大降低，其中农用助剂的添加量为 0.05%和 0.1%处理得到的含水量和叶绿素含量比其他更少，且两者的含水量和叶绿素含量相差不大，这说明添加农用助剂有助于降低杂草中的含水量和降解其叶绿素，提高除草剂对杂草的防除效果。然而，有机硅增效剂的加入量并不是越多越好，当加入含量为 0.05%时，即可达到预期较好的效果。此外，由第 1 组和第 2 组数据分析可知，单独加入有机硅增效剂对植株的含水量和叶绿素含量没有影响，又可进一步说明自制的农用助剂对杂草并没毒害作用。

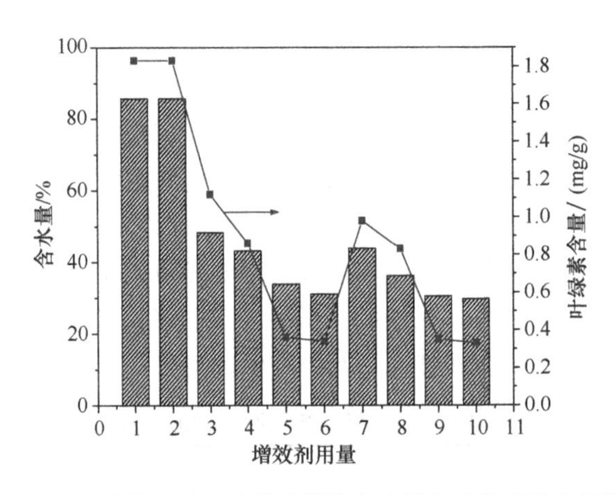

图 8-16　施药后绵毛酸模叶蓼的含水量和叶绿素的含量图

8.6.5　助剂对除草剂表面张力、扩展直径以及在叶片上最大持留量的影响

表 8-10 为不同农用助剂的添加量对除草剂药液的表面张力、扩展直径以及在叶片上最大持留量的影响。由表可知，随着农用助剂加入量的增加，对除草剂药液的增效作用呈现先增加后趋于平缓的趋势。添加有机硅增效剂可显著降低使它隆除草剂药液的表面张力，增加其扩展直径和在叶片上的最大持留量。其中除草剂的表面张力可由 58.70 mN/m 降低至 21.18 mN/m，降低 70.73%，扩展直径由 4.92 mm 增至 8.45 mm，增加 71.42%，以及在叶片上最大持留量由 25.40 mg/cm^2 增至 40.11 mg/cm^2，增加 57.87%。因此，有机硅增效剂能降低除草剂药液的表面张力，增加其扩展直径和在叶片上的最大持留量，进而促进杂草对药液的吸收，以达到增效的作用。

表 8-10　不同含量的助剂对表面张力、扩展直径和在叶片上最大持留量的影响

类别	表面张力		扩展直径		最大持留量	
	平均值/（mN/m）	增减率/%	平均值/mm	增减率/%	平均值/（mg/cm^2）	增减率/%
清水	72.10	/	2.50	/	1.32	/
除草剂	58.70	−18.58	4.92	/	25.40	/
除草剂+0.01%助剂	47.95	−33.56	5.94	20.41	30.12	18.50
除草剂+0.05%助剂	21.31	−70.46	8.33	69.39	39.93	57.09
除草剂+0.1%助剂	21.18	−70.73	8.45	71.42	40.11	57.87

参考文献

[1] 田儒楠. MCM-41 作为猪胰岛素缓释载体的研究[D]. 长春: 长春理工大学, 2013.

[2] 秦庆东. 功能化介孔材料 MCM-41 选择性吸附水中污染物的性能研究[D]. 哈尔滨: 哈尔滨工业大学, 2009.

[3] 周黄歆. 功能介孔二氧化硅材料的制备、表征及应用[D]. 桂林: 广西师范大学, 2014.

[4] 林粤顺. 介孔 MCM-41 的合成、改性及其在缓释农药的应用[D]. 广州: 仲恺农业工程学院, 2016.

[5] Jadhav S, Kumbhar A, Salunkhe R. Palladium supported on silica-chitosan hybrid material (Pd-CS/SiO_2) for Suzuki-Miyaura and Mizoroki-Heck cross-coupling reactions[J]. Applied Organometallic Chemistry, 2015, 29(6): 339-345.

[6] Yang F, Gao S, Xiong C, et al. Coordination of manganese porphyrins on amino-functionalized MCM-41 for heterogeneous catalysis of naphthalene hydroxylation[J]. Chinese Journal of Catalysis, 2015, 36(7): 1035-1041.

[7] 解园园, 廖俊杰, 王文博, 等. MCM-41 分子筛吸附脱除苯中噻吩[J]. 化工进展, 2011, 30(S1): 49-52.

[8] 靳昕, 王英滨, 林智辉. MCM-41 中孔分子筛净化含 Cr(VI)废水的实验研究[J]. 离子交换与吸附, 2006, (6): 536-543.

[9] 刘琪, 崔海信, 孙长娇, 等. 纳米SiO_2表面改性及其对阿维菌素吸附性能的影响[J]. 农药学学报, 2010, 12(1): 101-104.

[10] 倪邦庆, 黄江磊, 张萍波, 等. Al-MCM-41 负载离子液体双酸位催化剂及制备生物柴油[J]. 无机化学学报, 2015, 31(5): 961-967.

[11] Liu H P, Lu G Z, Guo Y, et al. Synthesis of spherical-like Pt-MCM-41 meso-materials with high catalytic performance for hydrogenation of nitrobenzene[J]. Journal of Colloid and Interface Science, 2010, 346(2): 486-493.

[12] 谢慧琳, 周新华, 林粤顺, 等. 氨基化改性 MCM-41/毒死蜱缓释体系的制备与性能[J]. 江苏农业科学, 2016, 44(9): 163-166.

[13] 刘春艳. 负载型 Pt、Pd 及 Pt-Pd 催化剂上苯并呋喃加氢脱氧反应[D]. 大连: 大连理工大学, 2012.

[14] 罗明检. Pt-Al/MCM-41 催化剂制备及其芳烃加氢性能研究[D]. 天津: 天津大学, 2013.

第 9 章　食品级加成型室温硫化硅橡胶的合成

9.1　加成型室温硫化硅橡胶概述

9.1.1　加成型室温硫化硅橡胶简介

室温硫化硅橡胶也称 RTV 胶，是以基胶中乙烯基硅油为基聚物，以含氢硅油为交联剂，通过铂催化剂活化含氢硅油的 Si—H 键上的氢原子，在室温下与硅原子相连的乙烯基与活化的 Si—H 键发生硅氢化加成反应，形成三维网状结构的弹性体。其优点是固化时没有小分子产生、安全无害、拉伸强度好、收缩率小、不需要加热、在室温条件下就可以交联固化形成网状弹性体的一种硅橡胶，使用起来非常方便[1,2]。其常被用作密封材料、黏合材料、防护涂料、制模材料和封装材料等。

9.1.2　加成型室温硫化硅橡胶的基本组成[3]

加成型室温硫化硅橡胶通常由乙烯基封端（或侧基）的聚二甲基硅氧烷、低分子量的含氢硅油、硅树脂、铂系催化剂等组成。根据产品应用的要求，还可以加入相应的填料、添加剂、抑制剂等。

1）基础聚合物[3,4]

基础聚合物主要是乙烯基封端的聚二甲基硅氧烷，它是加成型室温硫化硅橡胶的基础胶料，也被称为乙烯基硅油、基胶、生胶等，可以通过 D_4（或 DMC）和 1,3-二乙烯基-1,1,3,3-四甲基二硅氧烷（双封头），在碱性催化剂（如 KOH、Me_4NOH 等）存在下平衡聚合反应制得。乙烯基封端的聚二甲基硅氧烷是分子量相对较低的聚合物，聚合度 n 一般为 50～200，黏度在 100～100000 mPa·s 之间。黏度较小的乙烯基硅油对硫化物的交联密度、强度以及硬度影响较大，而黏度较大的乙烯基硅油对硫化物的高弹性和伸长率影响较大。混合不同黏度的乙烯基硅油，可以使材料具有优良的触变性和工艺黏度，使硫化物具备良好的物理性能。其结构如下：

$$CH_2{=}CH-\underset{CH_3}{\overset{CH_3}{\underset{|}{\overset{|}{Si}}}}-O-\Big[\underset{CH_3}{\overset{CH_3}{\underset{|}{\overset{|}{Si}}}}-O\Big]_n-\underset{CH_3}{\overset{CH_3}{\underset{|}{\overset{|}{Si}}}}-CH{=}CH_2$$

2）含氢硅油[3]

加成型室温硫化硅橡胶的交联剂是甲基含氢硅油，简称含氢硅油，其可分为部分含氢型的甲基含氢硅油和全氢型的甲基含氢硅油，黏度在 2～300 mPa·s 之间。在实际生产中，甲基含氢硅油的合成通常通过甲基二氯硅烷（$MeSiHCl_2$）水解，然后水解物再与止链剂 MM 一起采用酸催化平衡的方法制得。在制备加成型 RTV 胶时，理论计算基料乙烯基与含氢硅油 Si—H 的摩尔比为 1∶1，可以得到性能最优的硫化硅橡胶。但硫化过程中，由于副反应导致 Si—H 的损失，通常取基料乙烯基与含氢硅油 Si—H 的摩尔比为 1.2～1.5 时，可以得到性能较好的硫化胶。其结构式如下：

$$R-\underset{\underset{CH_3}{|}}{\overset{\overset{CH_3}{|}}{Si}}-O-\left[\underset{\underset{CH_3}{|}}{\overset{\overset{H}{|}}{Si}}-O\right]_m-\left[\underset{\underset{CH_3}{|}}{\overset{\overset{CH_3}{|}}{Si}}-O\right]_n-\underset{\underset{CH_3}{|}}{\overset{\overset{CH_3}{|}}{Si}}-R$$

3）催化剂[4]

元素周期表中第Ⅷ族过渡金属（如铂、钯、锗、镍等）的络合物，对硅氢加成反应几乎都有催化作用，其中铂络合物有优异的催化活性。但由于铂催化剂中毒的问题，即其若与含 N、P、S 等元素的有机物或 Sn、Pb、Hg、Bi、As 等重金属的离子化合物及含炔基的不饱和有机物接触时，所含的铂催化剂会中毒而使硅橡胶不能硫化，可采用有机铝化合物作为催化剂防中毒剂。

4）填料[3,5]

由乙烯基封端的聚二甲基硅氧烷作为生胶单独硫化后其物理性能差，拉伸强度极低，几乎无利用价值。为了提高硅橡胶物理性能，必须用填料补强，最常见的补强填料是气相法和沉淀法白炭黑，它可以把硅橡胶的强度提高 30～40 倍。由于白炭黑表面羟基的作用，使得它和基础聚合物的润湿、混炼困难，因此需要对白炭黑表面进行改性，使得改性后的白炭黑的表面羟基转换成烷氧基或有机硅氧基，使得白炭黑变成憎水性，提高白炭黑在硅橡胶内的分散程度，从而提高硅橡胶的强度。

5）添加剂[3]

为满足客户的不同需求，如颜色，通常在加成型硅橡胶中加入各类颜料；加入 Ce、Fe 等的氧化物或氢氧化物可以提高硅橡胶的耐热性；加入二甲基硅油及硅生胶可以提高硅橡胶的流动性和脱模；加入导热性填料可以增强硅橡胶的导热性，加入金属粉末、炭黑，可以使硅橡胶获得导电性等。

6）抑制剂[3,6]

基础聚合物与填料、交联剂、催化剂混合后就可以在室温下反应，而在实际生产过程中，都需要操作时间对各种胶料进行混炼、加工，如果硅橡胶提前固化，就得不到要求的外形和性能。故需要抑制硫化反应速度，常用方法是加入抑制剂。抑制剂可以和铂催化剂形成一定形式的络合物，减缓硫化时间。普遍采用的抑制剂为与胶料相容性较好的炔醇类化合物、腈类化合物、D_4^{Vi} 或有机过氧化物等，一般加入量为总质量的 1%～5%。

9.1.3　加成型室温硫化硅橡胶的应用

1）在电子电器上的应用

加成型室温硫化硅橡胶有优良的介电性能、杰出的耐高低温性能、极好的耐候性和较好的黏接性，因此在电子、电气中广泛用作灌封、黏接、浸渍、涂覆等。林修勇认为，室温硫化硅橡胶的最大应用领域在大套管方面，如电压互感器外壳、空气断路器用绝缘筒，电容器用套管，变压器用出线套管、穿墙套管等[3]。来国桥等[7]选用黏度为 1200～1500 mPa·s 的乙烯基硅油、占基胶质量 3.5%～4.0%的交联剂、6.0%～8.0%的含乙烯基的 MQ 硅树脂为补强填料、0.9%的环氧烃基硅氧烷低聚物为增黏剂制得外观无色透明的硅凝胶，将其作为传感器的灌封胶时，具有储存稳定，电绝缘性好，对铝、铁或不锈钢无腐蚀优点。

2）在航天中的应用[3]

由于加成型室温硫化硅橡胶具有优异的电绝缘性、耐高低温性、耐臭氧性及耐辐射等性能，在航空航天领域得到广泛的应用，主要用作密封胶与腻子等。国外自 20 世纪 60 年代末就已使用加成型室温硫化硅橡胶作为卫星太阳能电池的黏接剂，代表性产品有德国的 IUV-S 691 和 RTV-S695，其最大特点是热真空失重率低。

3）在医药卫生中的应用[3]

国外对加成型室温硫化硅橡胶在口腔印模及假牙软衬材料方面的应用研究报道较多。例如，Chen 等[8]对三种藻酸盐、五种商业有机硅材料、两种实验有机硅材料制得的印模进行了研究，发现两种加成型室温硫化硅橡胶印模材料有当时已知最好的精确度和稳定性。其精度的标准偏差分别为 0.70(0.45%)和 0.89(0.66%)，且固化过程中尺寸平均偏差最好。

医用硅橡胶导管是医用硅橡胶制品中发展最快、用途最广的产品。加成型导管主要应用在与血液接触及埋入体内的各种场合。张娟等[9]用 110-2 甲基乙烯基硅油（摩尔质量 5.5×10^5 g/mol，乙烯基摩尔分数 0.15%）、氢基硅油、4#白炭黑及硅氮烷等经混炼、挤出、硫化制得了复合医用要求的医用硅橡胶胶管。

另外，加成型室温硫化硅橡胶由于不易与人体组织起异物反应，透明性好，宜于在体温下固化且具有一定的强度，因此是一种极为理想的化妆整容材料。

4）在其他方面的应用[3,10]

加成型室温硫化硅橡胶强度高、抗撕裂性能好、透明性好、对金属基底无腐蚀性、无小分子物脱除、尺寸稳定、线收缩率小，是很好的软模材料；而且模具制造工艺简单，不损伤原型，仿真性好。其可用于制造环氧树脂、聚氨酯等成型制品的软模具，也可以用于工艺美术品、古文物等复制原型的软模材料，还可以用于制造精密铸造用的硅橡胶模型或模具。

9.2 加成型 RTV 胶的制备

称取少量 5000 ppm 铂催化剂（约 0.02 g）和一定量基胶中乙烯基硅油于烧杯中，滴入一定比例的 0.75%中间含氢硅油（约为 5%基胶量）、端含氢硅油（约为 1%～1.5%基胶量）、少量抑制剂（约与催化剂的量相等），用玻璃棒慢速搅拌 5 min 左右，搅拌均匀后放入循环水真空泵排出组分中的气泡，如此反复几次，直至所有气泡全部排干净为止，倒入模具，等待其自动流平或用机器压平，放在室温下等待固化即可，保持室内温度和湿度，也可以放入 80℃真空干燥箱等待固化，得到产品。

9.3 基胶中乙烯基硅油含量对硅橡胶力学性能的影响研究

基胶中乙烯基硅油是加成型室温硫化硅橡胶的基料，此处讨论所有硅橡胶配方为：基胶中乙烯基硅油：中间含氢硅油：端含氢硅油：铂催化剂（铂当量）：抑制剂 $=m:2:0.5:2\times10^{-6}:2\times10^{-6}$，该配方比为质量比，随着基胶中乙烯基硅油的加入，对硅橡胶的扯裂伸长率、断裂力、最大力、硬度、拉伸强度的影响如表 9-1 所示。

表 9-1 基胶中乙烯基硅油含量对硅橡胶力学性能的影响

	扯裂伸长率 E_b/%	断裂力 F_b/N	最大力 F_m/N	硬度（ShA）	拉伸强度/MPa
基胶 40	136.8166	42.9077	42.9077	53	4.7436
基胶 50	138.21	46.2578	47.2578	54	4.9996
基胶 60	130.1183	41.25	51.25	55	4.7996
基胶 70	125.9	39.2	39.2	58	4.4433
基胶 80	118.4066	25.6267	25.6267	53	3.4967

9.3.1　基胶中乙烯基硅油含量对硅橡胶扯裂伸长率的影响

基胶中乙烯基硅油含量对硅橡胶扯裂伸长率的影响如图 9-1 所示。在其他组分在一定比例下，随着基胶中乙烯基硅油的含量增加，硅橡胶的扯裂伸长率具有先增大后减少趋势，当基胶中乙烯基硅油的量为 50 g 时，扯裂伸长率最大。

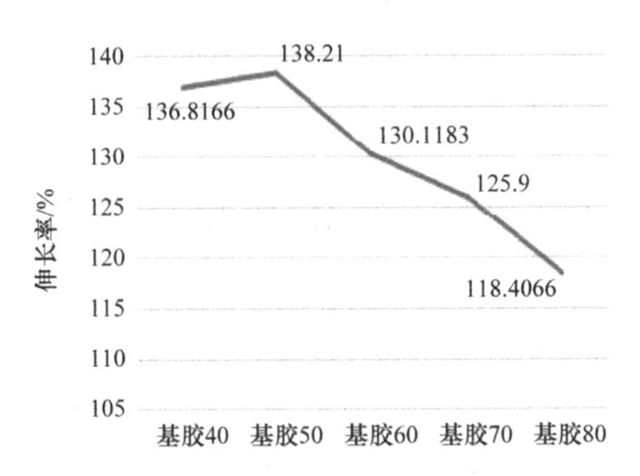

图 9-1　基胶中乙烯基硅油含量对硅橡胶扯裂伸长率的影响

9.3.2　基胶中乙烯基硅油含量对硅橡胶断裂力/最大力的影响

基胶中乙烯基硅油含量对硅橡胶断裂力/最大力的影响如图 9-2 所示。在其他组分在一定比例下，随着基胶中乙烯基硅油的含量增加，硅橡胶的断裂力/最大力出现先增大后减少趋势，当基胶中乙烯基硅油的量为 50 g 时，断裂力/最大力最大。

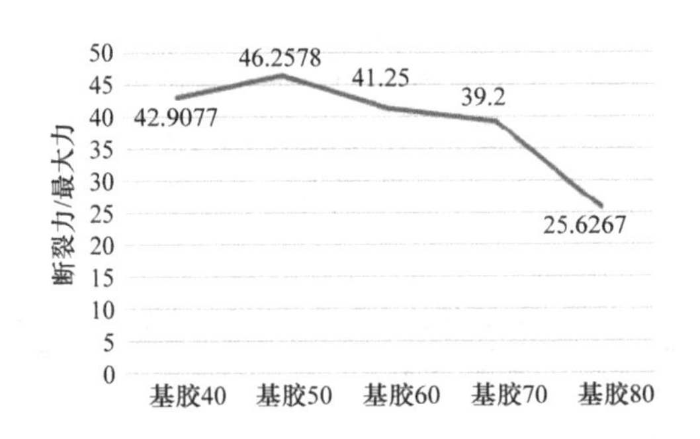

图 9-2　基胶中乙烯基硅油含量对硅橡胶断裂力/最大力的影响

9.3.3　基胶中乙烯基硅油含量对硅橡胶拉伸强度的影响

基胶中乙烯基硅油含量对硅橡胶拉伸强度的影响如图 9-3 所示。在其他组分在一定比例下，随着基胶中乙烯基硅油的含量增加，硅橡胶的拉伸强度出现先增

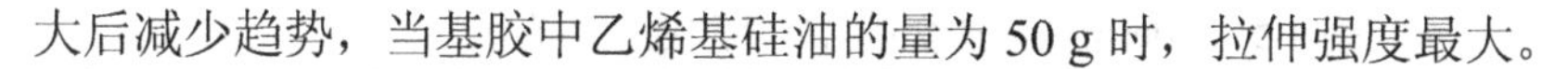

大后减少趋势，当基胶中乙烯基硅油的量为 50 g 时，拉伸强度最大。

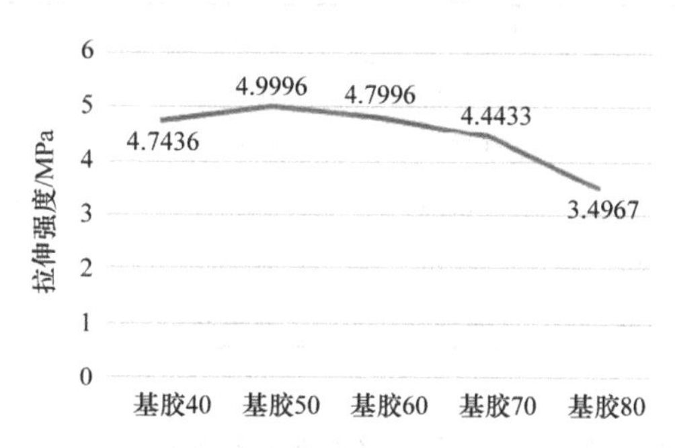

图 9-3　基胶中乙烯基硅油含量对硅橡胶拉伸强度的影响

9.3.4　基胶中乙烯基硅油含量对硅橡胶硬度的影响

基胶中乙烯基硅油含量对硅橡胶硬度的影响如图 9-4 所示。在其他组分在一定比例下，随着基胶中乙烯基硅油的含量增加，硅橡胶的硬度在基胶为 70 g 时出现峰值，拉伸强度最大，为 58。

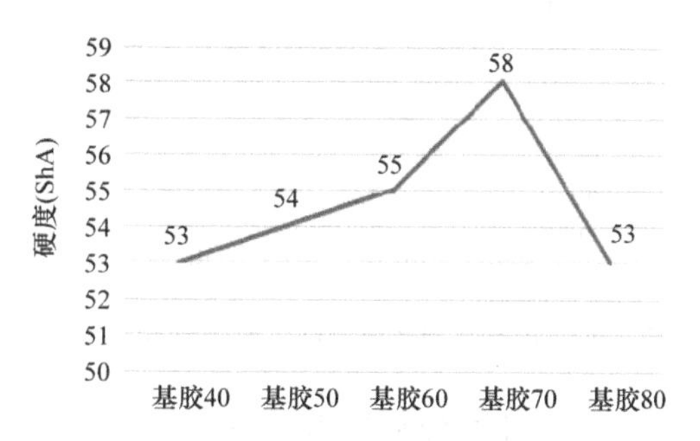

图 9-4　基胶中乙烯基硅油含量对硅橡胶硬度的研究

9.4　中间含氢硅油含量对硅橡胶性能的影响研究

含氢硅油为加成型室温硫化硅橡胶的交联剂，此处讨论所有硅橡胶组分配比为：基胶中乙烯基硅油∶中间含氢硅油（简称：中）：端含氢硅油∶铂催化剂∶抑制剂=40∶m∶0.5∶2×10^{-6}∶2×10^{-6}。该配方比为质量比，随着不同量的含氢硅油的加入，对硅橡胶的扯裂伸长率、断裂力、最大力、硬度、拉伸强度的影响如表 9-2 所示。

表 9-2　中间含氢硅油含量对硅橡胶性能的影响

	扯裂伸长率 E_b/%	断裂力 F_b/N	最大力 F_m/N	硬度（ShA）	拉伸强度/MPa
中 0.5	120.6955	10.7311	10.7311	51	2.002
中 1.0	122.7333	15.8706	15.8706	53	3.863
中 1.5	133.7653	34.5968	34.5968	56	4.587
中 2.0	149.2967	31.5189	31.5189	57	4.754
中 2.5	143.0022	22.0531	22.0531	54	4.191

9.4.1　中间含氢硅油含量对硅橡胶扯裂伸长率的影响

中间含氢硅油含量对硅橡胶扯裂伸长率的影响如图 9-5 所示。在其他组分在一定比例下，随着中间含氢硅油的加入量增加，硅橡胶的扯裂伸长率先增大后减少，2.0 g 时出现峰值，约为 149.3，扯裂伸长率最大。

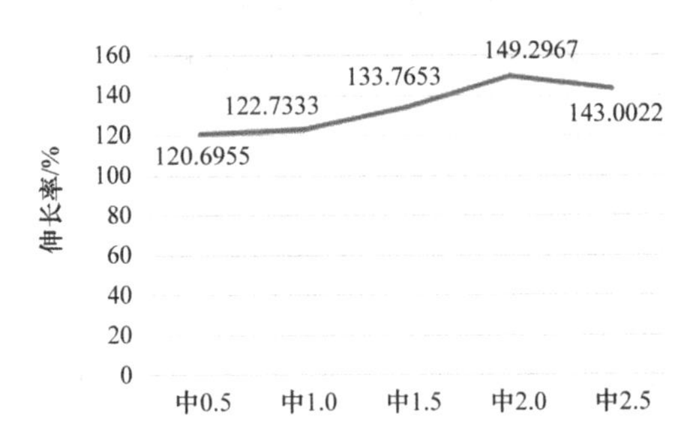

图 9-5　中间含氢硅油含量对硅橡胶扯裂伸长率的影响

9.4.2　中间含氢硅油含量对硅橡胶断裂力/最大力的影响

中间含氢硅油含量对硅橡胶断裂力/最大力的影响如图 9-6 所示。在其他组分在一定比例下，随着中间含氢硅油的加入量增加，硅橡胶的断裂力/最大力先增大后减少，1.5 g 时出现峰值，为 34.5968，断裂力/断裂力最大。

9.4.3　中间含氢硅油含量对硅橡胶拉伸强度的影响

中间含氢硅油含量对硅橡胶拉伸强度的影响如图 9-7 所示。在其他组分在一定比例下，随着中间含氢硅油的加入量增加，硅橡胶的拉伸强度先增大后减少，2.0 g 时出现峰值，为 4.754，拉伸强度最大。

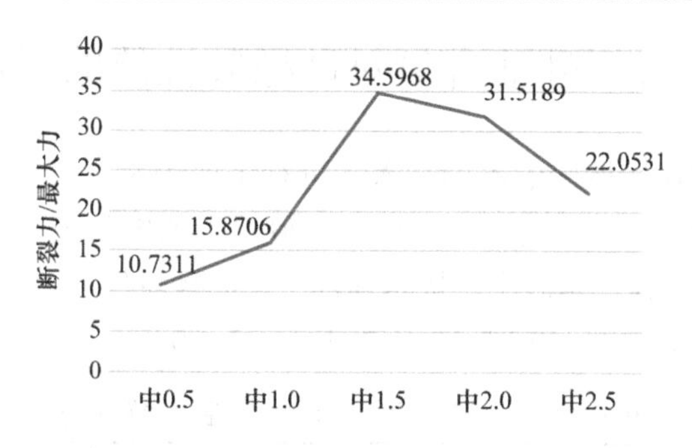

图 9-6　中间含氢硅油含量对硅橡胶断裂力/最大力的影响

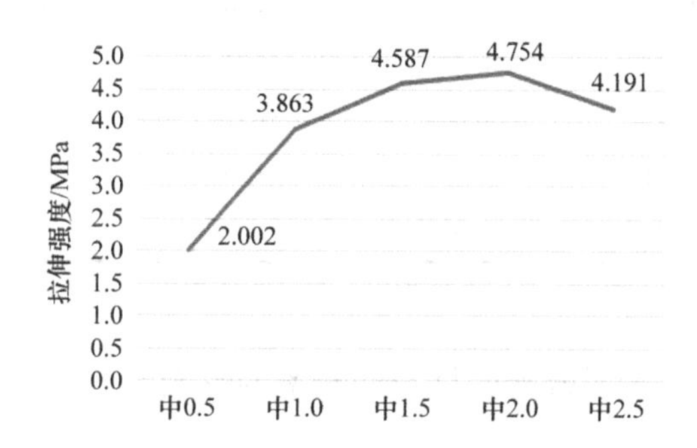

图 9-7　中间含氢硅油含量对硅橡胶拉伸强度的影响

9.4.4　中间含氢硅油含量对硅橡胶硬度的影响

中间含氢硅油含量对硅橡胶硬度的影响如图 9-8 所示。在其他组分在一定比例下，随着中间含氢硅油的加入量增加，硅橡胶的拉伸强度在中间含氢硅油为 2.0 g 时出现峰值，为 57，硬度最大。

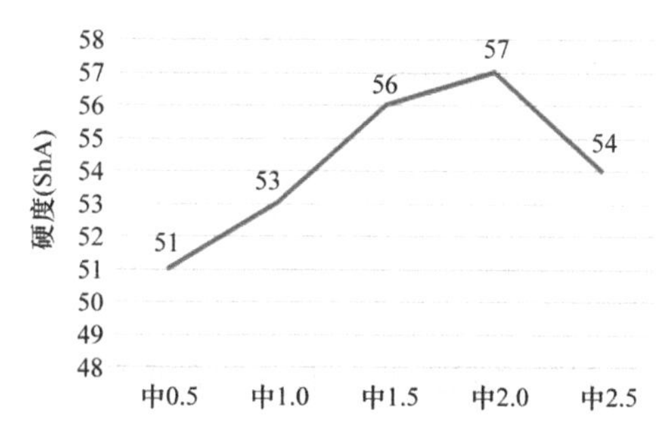

图 9-8　中间含氢硅油含量对硅橡胶硬度的影响

9.5 端含氢硅油含量对硅橡胶性能的影响研究

对端含氢硅油在硅橡胶的不同加入量进行了比较讨论，得出了其对硅橡胶的扯裂伸长率、断裂力、最大力、拉伸强度、硬度的影响如表 9-3 所示。此处讨论所有硅橡胶组分配比为：基胶中乙烯基硅油∶中间含氢硅油∶端含氢硅油（简称：端）∶铂催化剂∶抑制剂=40∶2∶m∶2×10^{-6}∶2×10^{-6}。

表 9-3　端含氢硅油含量对硅橡胶性能的影响研究

	扯裂伸长率 E_b/%	断裂力 F_b/N	最大力 F_m/N	硬度（ShA）	拉伸强度/MPa
端 0.6	138.6934	34.96	34.96	55	4.8559
端 0.7	148.6947	46.72	46.72	56	5.3131
端 0.8	160.5326	51.21	51.21	58	5.7356
端 0.9	148.2048	42.79	42.79	55	4.8634
端 1.0	137.3226	41.72	41.72	53	4.5351

9.5.1 端含氢硅油含量对硅橡胶扯裂伸长率的影响

端含氢硅油含量对硅橡胶扯裂伸长率的影响如图 9-9 所示。在其他组分在一定比例下，随着端含氢硅油的加入量增加，硅橡胶的扯裂伸长率先增大后减少，0.8 g 时出现峰值，为 160.5，扯裂伸长率最大。

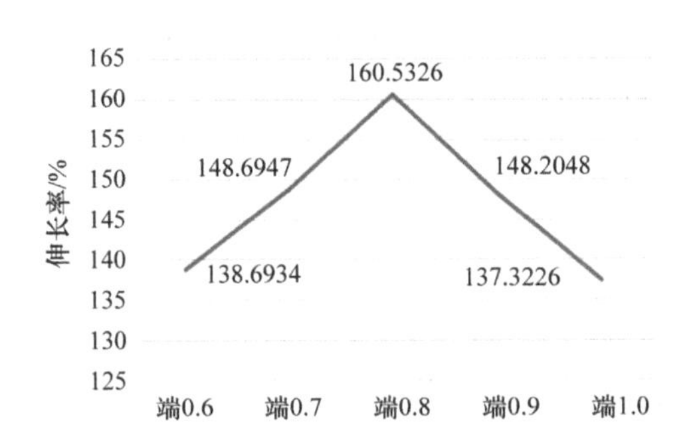

图 9-9　端含氢硅油含量对硅橡胶扯裂伸长率的影响

9.5.2 端含氢硅油含量对硅橡胶断裂力/最大力的影响

端含氢硅油含量对硅橡胶断裂力/最大力的影响如图 9-10 所示。在其他组分在一定比例下，随着端含氢硅油的加入量增加，硅橡胶的断裂力/最大力先增大后减少，0.8 g 时出现峰值，为 51.21，断裂力/断裂力最大。

图 9-10　端含氢硅油含量对硅橡胶断裂力/最大力的影响

9.5.3　端含氢硅油含量对硅橡胶拉伸强度的影响

端含氢硅油含量对硅橡胶拉伸强度的影响如图 9-11 所示。在其他组分在一定比例下，随着端含氢硅油的加入量增加，硅橡胶的拉伸强度先增大后减少，0.8 g 时出现峰值，为 5.7，拉伸强度最大。

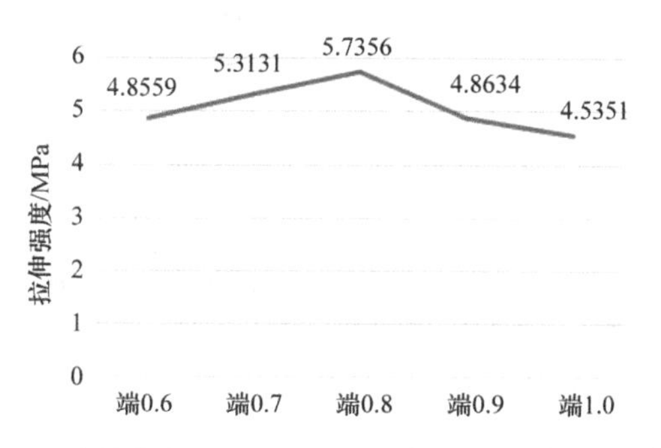

图 9-11　端含氢硅油含量对硅橡胶拉伸强度的影响

9.5.4　端含氢硅油含量对硅橡胶硬度的影响

端含氢硅油含量对硅橡胶硬度的影响如图 9-12 所示。在其他组分在一定比例下，随着中间含氢硅油的加入量增加，硅橡胶的硬度在端含氢硅油为 0.8 g 时出现峰值，为 58，硬度最大。

图 9-12　端含氢硅油含量对硅橡胶硬度的影响

9.6　气相色谱-质谱联用法测定加成型RTV胶的*N*-亚硝胺含量

数据采集采用选择离子模式（SIM）。由于全程反应过程中无生成*N*-亚硝胺的原料，因此测试结果与预想一致，几乎检测不到有*N*-亚硝胺的存在。

测试条件见表 9-4。

表 9-4　气相色谱-质谱测试条件

因素	条件
色谱柱	Agilent DB-EUPAH（20 m × 0.18 mm）
进样方式	直接进样
进样量/μL	1
进样口温度/℃	290
升温程序	起始温度为 120℃，维持 1 min； 以 8℃/min 的速度升温至 200 ℃，维持 0.5 min； 再以 10℃ /min 的速度升温至 270℃； 再以 2℃/min 的速度升温至 300 ℃后运行，后运行温度为 320 ℃，维持 4 min
载气	氦气
流速/(mL/min)	1.3

9.7　力学性能评价

为保证充分反应，实验时药品放入顺序最好依次放入铂催化剂、基胶中乙烯基硅油、中间含氢硅油、端含氢硅油、抑制剂，且其最佳工艺配比为：基胶中乙烯基硅油∶中间含氢硅油∶端含氢硅油∶抑制剂∶铂催化剂为 50∶2∶0.8∶2×10^{-6}∶2×10^{-6}。在采用最佳工艺条件下，合成的加成型 RTV 胶的邵氏 A 硬度为 58，拉伸强度为 5.7 MPa，最大撕裂力为 51.21 N，且经过测试表明几乎不存留 *N*-

亚硝胺，与国标 HG/T 2944—2011（表 9-5）作对比，其性能均可达到食品级硅橡胶要求，因此是一种制备加成型食品用硅橡胶用品的备选方法。

表 9-5　国标 HG/T 2944—2011 物理性能

序号	项目	指标	
		天然橡胶	硅橡胶、丁基橡胶
1	拉伸强度/MPa	≥6.0	≥4.0
2	拉断伸长率/%	≥300	≥300
3	扯断永久变形/%	≤40	≤30
4	硬度（邵氏 A 型）/度	≥30	≥30
5	热空气老化系数，（70±1）℃，72 h	≥0.7	≥0.7

参考文献

[1] 幸松民, 王一璐. 有机硅合成工艺及产品应用[M]. 北京: 化学工业出版社, 2000: 7-11.
[2] 戴孟贤, 赵鸣星, 吴平, 等. 加成型高强度硅橡胶[J]. 合成橡胶工业, 1993, 16(1): 31-35.
[3] 魏鹏. 加成型室温硫化硅橡胶的制备和改性研究[D]. 武汉: 武汉理工大学, 2007.
[4] Stepp M, Bindl J. Polysiloxane compound which is suitable during storage and produces vulcanisates which can be perfornantly wetted with water[P]. USP 6239244, 2001.
[5] 董鸿第, 李飒. 用新型的白炭黑提高硅橡胶的性能[J]. 合成橡胶工业, 1996, 19(5): 295-296.
[6] Karstedt B D. Platinum complexes of unsaturated siloxanes and Platinum containing organopolysiloxanes[P]. USP 3775452, 1973.
[7] 来国桥, 邬继荣, 罗蒙贤等. 传感器用双组分加成型硅凝胶的研究[J]. 有机硅材料, 2003, 17(4): 1-5.
[8] Chen S Y, Liang W M, Chen F N. Factors affecting the accuracy of elastometric impression materials[J]. Journal of Dentistry, 2004, 32(8):603-609.
[9] 张娟, 王健周, 宋邸元. 加成型医用硅橡胶胶管的制备[J]. 有机硅材料, 2000 14(5): 12-14.
[10] 陈伟方. 加成型双组份液体硅橡胶的性能和应用[J]. 特种橡胶制品, 1997, 18(6): 1-6.